"十四五"普通高等教育本科部委级规划教材

产教融合教程

中小企业全媒体视频制作与实战

钟志炫　解　郁◎编著

CHANJIAO RONGHE JIAOCHENG

ZHONGXIAO QIYE QUANMEITI SHIPIN ZHIZUO YU SHIZHAN

"十四五"普通高等教育本科部委级规划教材

中国纺织出版社有限公司

内 容 提 要

　　本书深入探索中小企业全媒体视频制作与实战的前沿实践，结合产教融合的教学理念，旨在培养学生将理论知识与实际操作相结合的能力。本书涵盖了对当前行业背景趋势的分析、中小企业在互联网生态中的生存现状、目前商业模式与内容变现、专业的视频团队搭建方法、"从0到1"的视频制作底层逻辑、视频运营数据评估等的全流程解析，同时系统性地介绍了中小企业全媒体视频制作的基础理论、技术工具、内容创作与传播策略等核心内容，全面梳理视频制作的流程与关键技术，引导学生掌握视频拍摄、剪辑、后期制作等技能，强调实践中的创新思维与问题解决能力。

　　本书不仅适合网络与新媒体专业的师生学习和研究，也适合广大中小企业从业人员及全媒体视频制作爱好者阅读和参考。

图书在版编目（CIP）数据

　　产教融合教程：中小企业全媒体视频制作与实战 /
钟志炫，解郁编著. -- 北京：中国纺织出版社有限公司，
2025. 9. --（"十四五"普通高等教育本科部委级规划
教材）. -- ISBN 978-7-5229-2803-6

　　Ⅰ. TN948. 4

　　中国国家版本馆 CIP 数据核字第 2025NF2313 号

责任编辑：郭　沫　李春奕　　责任校对：寇晨晨
责任印制：王艳丽

中国纺织出版社有限公司出版发行
地址：北京市朝阳区百子湾东里 A407 号楼　邮政编码：100124
销售电话：010—67004422　传真：010—87155801
http://www.c-textilep.com
中国纺织出版社天猫旗舰店
官方微博 http://weibo.com/2119887771
北京通天印刷有限责任公司印刷　各地新华书店经销
2025 年 9 月第 1 版第 1 次印刷
开本：889×1194　1/16　印张：7.25
字数：165 千字　定价：69.80 元

总 序
GENERAL PREFACE

当前，新时代浪潮席卷而来，产业转型升级与教育强国目标建设均对我国纺织服装行业人才培育提出了更高的要求。一方面，纺织服装行业正以"科技、时尚、绿色"理念为引领，向高质量发展不断迈进，产业发展处在变轨、转型的重要关口。另一方面，教育正在强化科技创新与新质生产力培育，大力推进"产教融合、科教融汇"，加速教育数字化转型。中共中央、国务院印发的《教育强国建设规划纲要（2024—2035年）》明确提出，要"塑造多元办学、产教融合新形态"，以教育链、产业链、创新链的有机衔接，推动人才供给与产业需求实现精准匹配。面对这样的形势任务，我国纺织服装教育只有将行业的前沿技术、工艺标准与实践经验深度融入教育教学，才能培养出适应时代需求和行业发展的高素质人才。

高校教材在人才培养中发挥着基础性支撑作用，加强教材建设既是提升教育质量的内在要求，也是顺应当前产业发展形势、满足国家和社会对人才需求的战略选择。面对当前的产业发展形势以及教育发展要求，纺织服装教材建设需要紧跟产业技术迭代与前沿应用，将理论教学与工程实践、数字化趋势（如人工智能、智能制造等）进行深度融合，确保学生能及时掌握行业最新技术、工艺标准、市场供求等前沿发展动态。

江西服装学院编写的"产教融合教程"系列教材，基于企业设计、生产、管理、营销的实际案例，强调理论与实践的紧密结合，旨在帮助学生掌握扎实的理论基础，积累丰富的实践经验，形成理论联系实际的应用能力。教材所配套的数字教育资源库，包括了音视频、动画、教学课件、素材库和在线学习平台等，形式多样、内容丰富。并且，数字教育资源库通过多媒体、图表、案例等方式呈现，使学习内容更加直观、生动，有助于改进课程教学模式和学习方式，满足学生多样化的学习需求，提升教师的教学效果和学生的学习效率。

希望本系列教材能成为院校师生与行业、企业之间的桥梁，让更多青年学子在丰富的实践场景中锤炼好技能，并以创新、开放的思维和想象力描绘出自己的职业蓝图。未来，我国纺织服装行业教育需要以产教融合之力，培育更多的优质人才，继续为行业高质量发展谱写新的篇章！

纪晓峰

中国纺织服装教育学会会长

2024 年 12 月

前　言
PREFACE

在数字经济与全媒体深度融合的今天，短视频与直播已渗透至商业生态的每一个毛细血管。中小企业作为国民经济的"神经末梢"，如何在流量红海中突围，如何借助全媒体视频实现品牌破圈、用户触达与商业转化，已成为关乎生存与发展的核心命题。而这一命题的解答，既需要前沿理论的指引，更离不开产教融合视角下的实战赋能。

《产教融合教程：中小企业全媒体视频制作与实战》的编写，源于三大时代坐标的交汇：其一，"十四五"规划对高等教育"深化产教协同育人"的顶层设计；其二，数字中国战略下中小企业数字化转型的迫切需求；其三，网络与新媒体专业人才培养从"知识本位"向"能力本位"的范式转型。本书以"理论扎根实践、教学反哺产业"为核心理念，试图构建一座横跨课堂与市场的动态桥梁。

本书全面梳理了视频制作的流程与关键技术，引导学生掌握视频拍摄、剪辑、后期制作等技能。同时，书中强调实践中的创新思维与问题解决能力，鼓励学生在实际操作中不断探索、勇于尝试，培养他们独立思考和解决实际问题的能力。

本书不仅适合网络与新媒体专业的师生学习和研究，也适合广大中小企业从业人员及全媒体视频制作爱好者阅读参考。对于学生来说，本书是他们踏入全媒体视频领域的入门指南，帮助他们快速了解行业现状、掌握基本技能，为未来的职业发展打下坚实的基础；对于中小企业从业人员来说，本书提供了实用的操作方法和案例分析，有助于他们提升企业的视频制作水平，实现内容变现和品牌推广；对于全媒体视频制作爱好者来说，本书是他们学习和交流的宝贵资源，激发他们的创作灵感，提高他们的制作水平。

在编写过程中，编者参考了大量的行业资料和研究成果，并结合了自己多年的教学和实践经验。同时，也得到了许多专家、学者和企业界人士的支持与帮助，在此表示衷心的感谢。

全媒体视频的浪潮永不停歇，唯有时刻保持"空杯心态"，方能以敬畏之心捕捉技术跃迁的脉搏。书中部分工具平台的操作界面可能随版本更新变化，部分策略需结合地域经济特征灵活调整，期待读者在实践中持续迭代认知，与本书共同成长。

谨以此书，献给所有在内容生态中执着探索的"破局者"。

编著者

2024 年 4 月

教学内容及课时安排

章（课时）	课程性质（课时）	节	课程内容
第一章 （15课时）	**基础理论与概念** （30课时）	·	**绪论**
		一	教材宗旨与价值
		二	学习成果预期
		三	互联网视频行业趋势与职业展望
		四	结语
第二章 （15课时）		·	**互联网视频行业背景与环境分析**
		一	互联网发展概览
		二	中小企业在互联网生态中的生存现状
		三	中小企业全媒体内容分析
		四	全媒体视频注意事项
第三章 （15课时）	**全媒体视频实践** （150课时）	·	**项目团队组建**
		一	项目团队构成
		二	团队组建与能力要求
第四章 （90课时）		·	**视频策划与内容制作**
		一	拍摄前期
		二	拍摄中期
		三	拍摄后期
第五章 （45课时）		·	**视频运营与发布**
		一	视频账号运营的概念
		二	视频账号运营的重要性
		三	视频发布
		四	平台规则与法律法规
第六章 （30课时）	**数据分析与变现** （60课时）	·	**数据分析与评估**
		一	确定分析目标与指标
		二	数据采集与处理
		三	受众画像分析
		四	视频内容表现分析
		五	评论与互动分析
		六	数据可视化呈现
		七	分析结果应用
第七章 （30课时）		·	**商业模式与内容变现**
		一	面向企业的视频内容变现策略
		二	面向消费者的变现途径

目 录
CONTENTS

第七章　商业模式与内容变现···095

第一章
绪论

教学内容：

1.教材宗旨与价值

2.学习成果预期

3.互联网视频行业趋势与职业展望

建议课时： 15课时

教学目的： 使学生建立课程认知，了解行业概

况，增强学习信心

教学方式： 讲授法、演示法、讨论法、案例分

析法

学习目标：

1.了解新媒体视频产业概念

2.明白学习本门课程的目的

3.了解行业未来发展趋势

第一节　教材宗旨与价值

在当今数字化时代，视频已成为中小企业进行品牌推广和营销的重要工具。然而，由于缺乏专业的视频制作知识和技能，许多中小企业难以充分发挥视频的潜力，错失了许多发展机遇。针对这一问题，本书应运而生，其宗旨是服务中小企业的发展，助力企业实现数字化转型和全媒体营销。具体而言，本书的价值主要体现在以下五个方面。

一　提升中小企业视频制作能力

视频制作是一项系统工程，涉及前期策划、拍摄、后期剪辑、包装等多个环节。每个环节都有其特定的技术要求和创意思路。本书将系统讲解视频制作的基本概念、核心技术和实用方法，帮助中小企业全面掌握视频制作的基本技能。通过学习本书，企业可以学会如何讲好品牌故事，如何利用视频提升品牌形象和好评度，如何创作出吸引用户的优质视频内容。

二　优化视频营销策略

在新媒体时代，视频营销已经成为企业数字化营销的重要组成部分。但是，如何制订有效的视频营销策略，如何选择合适的传播渠道，如何实现精准触达和转化，这些都是摆在中小企业面前的难题。本书将重点讲解视频营销的策略和技巧，教企业如何根据不同平台和受众特点，制订差异化的视频传播方案。通过学习本书，企业可以掌握如何在抖音、快手等短视频平台进行创意策划和话题营销，如何在微信、微博等社交媒体平台进行视频内容发布，如何利用直播、短视频等方式实现销售转化，从而真正实现视频营销的商业价值。

三　降低视频制作成本

视频制作成本高昂一直是困扰中小企业的难题。许多企业由于预算有限，难以承担专业的视频制作费用，导致视频质量和数量都无法保证。本书将着重介绍如何利用手机、剪辑软件等低成本工具，如剪映（图1-1），制作出高质量的视频内容。通过学习本书，企业可以掌握手机拍摄技巧、手机剪辑App使用方法、免费素材网站的使用技巧等，真正做到"低投入、高产出"，用最低的成本制作出最优质的视频内容。

四　培养复合型人才

在全媒体时代，视频制作已经不再局限于单一的拍摄或剪辑技能，而是需要策划、营销、设计等多方面知识的融合。一名优秀的视频制作人，不仅要掌握专业的视频制作技能，还要具备创意策划、文案写

图1-1 剪辑App"剪映"

作、视觉设计、数据分析等多方面能力。本书将采用"任务驱动"的教学模式，通过设置真实的项目案例和实践任务，培养学生的综合应用能力。通过学习，企业可以培养一批"一专多能"的复合型视频制作人才，为企业的视频营销工作提供有力支撑。

五 \ 了解互联网视频行业发展趋势

互联网视频行业发展日新月异，新技术、新趋势、新玩法层出不穷。近年来，虚拟现实技术（Virtual Reality，VR）、增强现实技术（Augmented Reality，AR）、人工智能（Artificial Intelligence，AI）等技术在视频制作中的应用日益广泛，为视频内容制作带来了全新的可能性。5G时代的到来，也为视频内容的传播和消费带来了革命性的变化。本书将紧跟前沿动态，及时介绍视频制作与传播的最新趋势和技术，如VR视频制作、AI智能剪辑、5G视频直播等，为中小企业把握发展先机提供前瞻性的指导和参考。

综上所述，本书的核心价值在于通过"授人以渔"，从视频制作到视频营销，从理论知识到实践技能，全面提升中小企业的视频创作与运营能力，帮助企业抓住数字化转型的历史机遇，实现可持续发展。同时，作为高校网络与新媒体专业的教学用书，为培养新时代的视频制作人才提供系统化、实用性的教学支撑，满足社会经济发展和人才建设的需要。

第二节　学习成果预期

希望通过对本书的学习，帮助中小企业自主制作出品质优良、符合品牌调性的视频作品，以更加生动、直观的方式与用户沟通，提升品牌形象；掌握全媒体时代不可或缺的视频技能，用"会说话"的视频讲好品牌故事，实现低成本、高效率的精准营销。学习本书，预期读者可以达成以下学习目标和成果。

一　掌握视频制作的基本流程和方法

视频制作是一个系统工程，涉及前期策划、分镜头脚本设计、拍摄、剪辑、视听语言、视觉包装、特效合成等多个环节。每个环节都有其特定的工作内容和要求，需要掌握相应的理论知识和实践技能。通过学习本书，读者可以全面了解视频制作的全流程，深入学习每个环节的核心技术和实用技巧，从而能够独立完成一部视频作品的创作。

在前期策划阶段，学习如何确定视频主题、风格和受众定位，如何撰写创意文案和设计脚本；在拍摄阶段，学习如何选择机位、构图、运镜等技巧，如何掌控光影色彩；在剪辑阶段，学习如何选择素材、节奏设计、转场特效等技巧，如何塑造情感张力。通过对各环节的系统学习和实践训练，可以快速提升视频制作能力，创作出优秀的视频作品。

二　了解主流视频平台的特点和运作机制

当前，网络视频平台呈现百花齐放、百家争鸣的繁荣景象。综合类视频网站、垂直类视频网站、短视频平台、社交媒体平台层出不穷，各具特色。要想在视频营销中取得成功，必须深入了解各类平台的特点和运作机制。通过学习本书，读者可以系统了解国内外主流视频平台的发展历程、用户特征、传播机制和算法逻辑。

综合类视频网站侧重长视频内容，如芒果TV、爱奇艺、哔哩哔哩，用户以追剧、看电影为主，对视频内容质量要求较高；短视频平台侧重短视频内容，如抖音、快手，用户以休闲娱乐为主，对内容的即时性、互动性要求较高；社交媒体平台侧重图文内容，如微信、微博、小红书，用户以社交互动为主，对内容的分享传播要求较高。通过对不同平台的深入剖析，读者可以根据自身的营销需求和目标受众，选择合适的平台资源，制订差异化的传播策略。

三　学会创作吸引人的视频内容

在信息爆炸的时代，人们对优质内容的需求日益增长。内容为王——优质的视频内容是吸引观众、提升传播效果的前提和基础。通过学习本书，读者可以掌握视频内容创意和制作的方法与技巧。

例如，如何挖掘和提炼企业的核心价值，如何讲好一个动人的品牌故事，如何把握内容的时代特征和趋势脉搏，如何策划和设计出引人入胜、打动人心的视频内容（图1-2）。此外，还可以学习视觉包装、音乐应用、节奏把控等内容创意技巧，从而能够制作出与众不同、让人眼前一亮的优质视频作品。总之，学会创作吸引人的视频内容，是提升视频营销效果的关键。

图1-2　华为mate 60手机系列宣传片

四　能够制订高效的视频营销方案

视频营销不是单纯的内容生产，更需要讲究传播策略。一般来说，视频营销方案需要围绕营销目标、受众特点、平台属性等因素来制订。通过学习本书，可以掌握视频营销方案的制订流程和要点。

如何确定视频营销的目标受众和传播渠道，如何根据不同平台的算法机制和用户属性，制订差异化、精细化的传播策略，如何通过数据分析和效果评估，实现"千人千面"的精准触达。此外，还可以学习如何利用热点事件、节日营销等时机，策划实施整合营销活动，从而最大化提升视频的传播效果和商业转化。总之，制订出高效的视频营销方案，是保证视频营销成功的关键环节。

五　运用数据分析优化视频投放效果

在互联网时代，数据分析已成为视频营销的利器。海量的用户行为数据，为视频营销提供了精准、高效的决策依据。通过学习本书，可以掌握视频数据分析的基本方法和工具。

例如，如何利用视频平台提供的数据分析功能，追踪视频的播放量、评论量、转发量、点赞量等关键指标，并据此评估视频的传播效果（图1-3）；如何利用第三方数据分析工具，对视频的受众画像、观看行为、转化路径等进行深入分析，并据此优化视频的内容策略和投放策略；如何利用大数据技术，对视频的投放渠道、时段、频次等进行实时调整，从而实现精准触达和高效转化。总之，运用数据分析手段已成为视频营销的必备技能，是提升视频投放投入产出比（Return On Investment，ROI）的有效途径。

图1-3　抖音创作者中心

六　初步具备视频策划、制作、营销的实操能力

　　作为一本产教融合教程，本书不仅注重理论知识的传授，更注重培养读者的动手实践能力。为此，本书精心设计了丰富的案例和作业，力求将理论学习与实践操作紧密结合。通过案例学习，可以了解视频创意、制作、传播的经典案例和前沿趋势，开阔创意视野；通过作业练习，参照教材步骤，独立完成视频的策划、拍摄、剪辑、包装、传播等全流程，并能根据实际效果反复优化和改进。

　　在学习创意策划章节后，能够根据实际项目，撰写一份完整的内容策划案；在学习拍摄章节后，需要到户外或室内实地取景拍摄；在学习剪辑章节后，能够使用专业软件进行素材剪辑与声音合成；在学习传播章节后，能够制订传播方案，并在实际平台投放视频并追踪效果。通过循序渐进、由易到难的大量实践，使读者可以将理论知识内化为实际操作能力，初步具备独立策划、制作、营销视频项目的能力，为未来职业发展奠定良好的技能基础。

　　总之，本书致力于培养具备视频创意、制作、营销等全方位技能的复合型人才。通过对视频制作流程、平台机制、创意策划、营销策略、数据分析等方面的系统学习，全面掌握视频制作和营销的核心技能，了解视频传播的前沿趋势，并能够将所学知识灵活应用到实践中去。同时，本书通过大量的案例和作业，加强实操演练，让读者在学思践悟中提升创新创意、沟通协调、项目管理等职业素养，初步具备策划和执行视频项目的实战能力。可以预见，当你完成本书的所有学习任务，这些知识和能力将成为你在未来职业发展中的核心竞争力，助你在激烈的人才竞争中脱颖而出，实现自己的职业理想和人生价值。

第三节　互联网视频行业趋势与职业展望

随着互联网和移动终端的普及，视频已然成为最受欢迎的媒体形式之一。尤其是随着5G时代的到来，高速网络传输将进一步催生视频内容的井喷式增长。在这样的行业背景下，视频相关产业必将迎来广阔的发展前景，视频制作人才将是市场急需的紧缺人才。具体而言，未来这一领域主要呈现以下五种趋势特点。

一　短视频仍将是主流

当前，短视频凭借精短、生动、互动性强的特点，受到广大用户的热捧，用户规模和使用时长持续攀升。以抖音为例，截至2025年3月，抖音（含抖音极速版）月活跃用户数达到10.01亿，日活跃用户数为7亿~8亿。未来短视频将与电商、教育、社交等领域加速融合，成为各行各业营销传播的主阵地。例如，许多品牌商家通过在抖音发布产品短视频，配合挑战赛、话题互动等营销手段，实现了品牌曝光和销量的快速增长。

案例：完美日记抖音定制活动＃用一整个五月谈恋爱＃

2023年5月，国货彩妆品牌完美日记联合抖音内容IP"在抖音看四季"发起定制活动＃用一整个五月谈恋爱＃，抖音通过定向邀约平台，精准地邀请了时尚、泛生活、随拍、旅行等多个领域的优质垂类达人，借助他们的创意和影响力，产出了大量多元化的高质量内容。这些内容生动展现了浪漫甜蜜的恋爱生活，种草了众多情侣恋人必备的好物，迅速引爆了话题的热度。

＃用一整个五月谈恋爱＃话题一经上线，就收获了12.7亿的播放量，吸引了7730名创作者参与，累计产生了近2万条优质作品。在品牌官方话题的带动下，从顶级达人到普通用户，数千人参与话题讨论，贡献了海量优质内容，话题播放量更是突破了10亿大关。特别是万粉以上的头部达人的加入，大大提升了话题内容的质量和品牌的影响力。

抖音基于对品牌目标受众的洞察，精准匹配了与品牌调性一致、内容精良的头部KOL（Key Opinion Leader，一般指关键意见领袖），他们创作的内容情感浓烈，成功引发广大用户的共鸣，直击人心。

短视频在品牌营销中具有巨大价值。未来，借助算法推荐、AR特效、智能剪辑等视频技术的进步，短视频有望成为品牌塑造和产品销售的新型基础设施，为企业创造更多商业价值。

二　直播带货异军突起

2020年，在电商直播带动下，直播电商迎来爆发式增长。仅在2020年上半年，全网直播场次就超过1000万场，直播销售额超过2000亿元。视频直播打破了传统的线上购物体验，让消费者可以实时看到商品、与主播互动，极大提升了购买转化率。一些头部主播，单场直播销售额动辄过亿。未来这一趋势还将进一步发展，不仅是电商，教育、旅游、房产等领域也将加入直播大军。例如，房产商可以通过直播带看的方式，让客户足不出户就能了解房源信息，极大提升了购房效率。

2021年11月10日，在天猫"双11"购物狂欢节期间，李佳琦在直播间连续直播12小时，累计观看人数超过2.5亿，直播间商品成交额达到了惊人的100.1亿元。这也刷新了此前他保持的直播间单场销售额的纪录。在人们以为狂潮已经过去的时候，2022年他又创下了215亿元的新高。然而2023年"李佳琦带货花西子怼网友"事件，使他多年经营的人设一瞬塌房，粉丝一夜间掉了110万，"双11"成交额也大不如从前，只有2022年的44%。此次事件令李佳琦、花西子身陷风波，却给了其他国货品牌机会。

案例：国货抱团取暖

在李佳琦风波之后，郁美净、蜂花、鸿星尔克等品牌开始"互帮互助"。蜂花直播时卖断货开始卖鸿星尔克，而鸿星尔克主播拿鞋当刷子用蜂花洗头发；另有国货品牌郁美净"触网"，连夜注册了抖音、微博等账号。

2023年9月14日当晚，郁美净董事长史滨首次现身郁美净直播，跳舞感谢观众。截至9月17日10时，郁美净粉丝已涨至136.4万。

蜂花通过在抖音推出79元洗护套装，主打实惠路线，迅速积累了大量粉丝，直播间观看人数一度接近4000万。仅用4天时间，蜂花就收获了12个热搜，交易额起2500万。蜂花在自己产品售罄后，主动在直播间为其他国货品牌导流，与鸿星尔克、蜜雪冰城、白象、汇源、隆力奇等10余家品牌展开"团建"，通过互相连线、现场体验等方式，营造了国货品牌抱团取暖的暖心场景。为自己积累了良好的口碑和粉丝印象。

另一个亮点是老牌日化品牌活力28，凭借"为23万单洗衣粉退款10元"的举措冲上热搜榜首，并通过连续4天12场直播，创造了超过1400万元的销售佳绩，展现了国货品牌的营销实力。

三 视频+AI成为新风口

人工智能技术正加速融入视频制作的各个环节，一方面，AI算法可以在海量视频数据中快速筛选、分类、标注，提升视频处理效率；另一方面，AI创作工具，包括智能剪辑、自动配乐、虚拟主播等，大大降低了视频制作门槛。例如，剪映等短视频编辑App内置了众多AI特效和模板，用户无须专业技能也能轻松创作出酷炫的短视频。又如，AI合成主播可以根据文本，自动生成配音和唇形对应的虚拟人物视频，大幅提升视频制作效率。未来AI与视频结合将成为行业新风口。

案例：文生视频大模型工具"Sora"

2024年2月16日，OpenAI发布了"文生视频"（Text ToVideo）的大模型工具Sora，可利用自然语言描述生成视频（图1-4）。消息一经发出，全球社交主流媒体平台都再次被OpenAI震撼了。Sora这一名称源于日文"空"，即天空之意，以示其无限的创造潜力。AI视频的高度一下子被Sora拉高了，要知道Runway Pika等文生视频工具，都还在突破几秒内的连贯性，而Sora已经可以直接生成长达1分钟的一镜到底视频。

图1-4　Sora

《每日经济新闻》记者对报告进行梳理，总结出Sora的六大优势[1]：

一是准确性和多样性。Sora可将简短的文本描述转化成长达1分钟的高清视频。它可以准确地解释用户提供的文本输入，并生成具有各种场景和人物的高质量视频剪辑。它涵盖了广泛的主题，从人物和动物到郁郁葱葱的风景、城市场景、花园，甚至是水下的纽约市，可根据用户的要求提供多样化的内容。另据Medium，Sora能够准确解释长达135个单词的长提示。

二是强大的语言理解。OpenAI利用DALL·E模型（由人工智能非营利组织OpenAI推出的图像生成系统）的重述要点（Recaptioning）技术，生成视觉训练数据的描述性字幕，不仅能提高文本的准确性，还能提升视频的整体质量。此外，与DALL·E 3（由人工智能非营利组织OpenAI推出的开源文生图框架）类似，OpenAI还利用GPT技术将简短的用户提示转换为更长的详细转译，并将其发送到视频模型，这使Sora能够精确地按照用户提示生成高质量的视频。

三是以图或视频生成视频。Sora除了可以将文本转化为视频，还能接受其他类型的输入提示，如已经存在的图像或视频。这使Sora能够执行广泛的图像和视频编辑任务，如创建完美的循环视频、将静态图像转化为动画、向前或向后扩展视频等。OpenAI在报告中展示了基于DALL·E 2（由人工智能非营利组织OpenAI推出的开源文生图框架）和DALL·E 3的图像生成的体验版样片（demo）视频。这不仅证明了Sora的强大功能，还展示了它在图像和视频编辑领域的无限潜力。

四是视频扩展功能。由于可接受多样化的输入提示，用户可以根据图像创建视频或补充现有视频。作为基于转换器（Transformer）的扩散模型，Sora还能沿时间线向前或向后扩展视频。

❶ 兰素英，孙宇婷. 报告揭秘Sora六大优势业内：AGI可能在一两年内实现[N]. 每日经济新闻，2024-02-18.

　　五是优异的设备适配性。Sora具备出色的采样能力，从宽屏分辨率1920p×1080p到竖屏分辨率1080p×1920p，两者之间的任何视频尺寸都能轻松应对。这意味着Sora能够为各种设备生成与其原始纵横比完美匹配的内容。而在生成高分辨率内容之前，Sora还能以小尺寸迅速创建内容原型。

　　六是场景和物体的一致性和连续性。Sora可以生成带有动态视角变化的视频，人物和场景元素在三维空间中的移动会更加自然。Sora能够很好地处理遮挡问题。现有模型的一个问题是，当物体离开视野时，它们可能无法对其进行追踪。而通过一次性提供多帧预测，Sora可确保画面主体即使暂时离开视野也能保持不变。

　　随着AI技术的进步，我们可以想象这样一个场景：输入一部小说，输出一部完整的电影。Sora已经展现了生成长达1分钟的视频片段的能力，它可以灵活运用不同的拍摄手法，如一镜到底、多机位切换等，营造出丰富多样的视觉效果。更令人惊叹的是，Sora生成的视频能够巧妙运用景物、表情、色彩等元素，表达出孤独、繁华、呆萌等各种情感和氛围（图1-5）。

| （a）基础计算（Base compute） | （b）4倍计算（4×compute） | （c）32倍计算（32×compute） |

图1-5　Sora的学习过程

　　在短视频创作领域，Sora有望大幅降低短剧制作的综合成本，破解"重制作、轻内容"的行业痛点。这将促使短剧制作重心回归到优质剧本和内容创作上，对创作者的创意构思能力提出更高要求。对于企业而言，利用Sora可以显著降低成本，提高经营效益。例如，广告公司可以用Sora直接生成符合品牌定位的视频广告，大幅减少拍摄和后期制作费用。游戏和动画公司也可以用Sora直接生成游戏场景和角色动画，降低3D建模和动画制作成本。企业可以将节省下来的制作成本，用于提升产品和服务品质，或者进行技术创新，从而推动生产力水平的整体跃升。

　　2024年，多模态AI模型的应用有望达到巅峰，它将深刻影响影视、直播、媒体、广告、动漫、艺术设计等诸多领域。在当前的短视频时代，Sora已经能够胜任短视频的拍摄、导演、剪辑等各项工作。未来，Sora生成的多用途视频，将为短视频、直播、影视、动漫、广告等行业带来深远的变革。

四　VR/AR赋能沉浸式体验

　　VR、AR等沉浸式技术正在重塑视频的呈现方式，让用户可以身临其境地感受视频场景。在游戏、旅游、教育等领域，VR视频将成为主流形态。目前，多家旅游平台推出了VR旅游产品，用户在家中戴上

VR眼镜，就能360度全景观赏景区美景，仿佛亲临现场；医学院可以通过VR视频模拟手术过程，让学生反复练习，极大提升教学体验。随着5G和设备的改善提升，VR视频有望迎来新一轮爆发。

案例：室内装修平台"酷家乐VR装修设计软件"

酷家乐是一个室内设计与家装领域的软件平台，它允许用户通过3D模拟来设计和装饰住宅空间。该软件运用了VR技术，为用户提供了沉浸式的室内设计体验（图1-6）。以下是酷家乐中VR应用的六个主要方面：

一是沉浸式体验。酷家乐的VR功能允许用户利用VR技术，进入由他们自己设计或由设计师为他们制作的房间内部，获得仿佛置身其中的沉浸式体验，这种体验对于空间感和设计的直观理解非常有帮助。

二是设计呈现。通过VR技术，设计师可以将2D的平面设计转化为3D的互动体验，它让客户能够在真实比例下走进设计空间，检视每个角落的细节，如材料、纹理、色彩和布局。

三是更快的决策过程。VR技术可以帮助客户更快地做出设计上的决策，客户可以在虚拟环境中查看不同的设计方案，比较它们的优劣，并选择最符合预期的那个。

四是错误和问题预防。在真实比例下查看设计图能够帮助发现可能在2D图纸上看不出的问题，如空间利用率不高或家具尺寸不匹配等，从而在实际动工前避免成本的浪费。

五是市场营销。酷家乐的VR功能对于房地产开发商来说是一个强有力的营销工具，他们可以利用VR技术展示即将开发的房产项目，给潜在买家提供预览体验。

六是远程协作。利用VR技术，设计师即便不在同一地点，也可以与客户共同在一个虚拟空间内沟通和协作，跨越地域限制进行实时的互动。

图1-6 酷家乐VR装修案例"中式风格方案"

酷家乐中VR的应用大大提升了设计的展示力度和互动性，帮助用户更加直观地感受与理解空间布局和装饰效果，从而使室内设计和家装行业的服务更加高效和对用户友好。目前已有789家企业试用，为顾家家居、轩尼斯门窗、TATA木门、掌上明珠家具等多家知名企业提供服务。

五 \ 公有云助力中小企业

视频制作对于软硬件要求较高，传统方式成本高昂。而随着阿里云、腾讯云等公有云平台的发展，中小企业可以通过云端协作、云渲染、云存储等服务，大大降低视频制作的技术和成本门槛。

视频制作团队可以利用云端协同平台，远程完成脚本创作、分镜头绘制、剪辑评审等工作，打破地域限制，提升协同效率。例如，影视特效渲染可以利用云端弹性算力，根据项目需求灵活调配资源，避免大量不必要的硬件采购成本。

第四节　结语

面对可观的市场前景，视频相关行业未来将提供大量就业机会，就业前景广阔。视频内容创作、新媒体运营、短视频电商直播、VR视频设计、AI智能视频编辑等新兴岗位，都将成为就业热点。以抖音号运营为例，头部账号动辄粉丝过千万，广告和电商收入可观，运营岗位急缺。而掌握AI视频算法的开发人员，也是各大互联网企业竞相抢夺的"香饽饽"。

伴随着职业机会而来的，则是对能力的更高要求。当前视频行业已经不再局限于单一的拍摄剪辑技能，更需要融合策划、营销、创意、数据分析等多方面知识。"一专多能"的复合型人才，将成为市场的宠儿。在努力提升技术技能的同时，培养内容创意、传播策划、商业洞察等综合素质，成为一名"全栈"的视频达人。一名优秀的短视频创作者，不仅要有拍摄、剪辑、特效包装等硬技能，还要洞察用户喜好，把握热点话题，善于传播互动，甚至还要了解产品销售、粉丝运营、账号变现等商业运作技能。

前路漫漫，唯有紧跟时代步伐，不断学习，持续创新，才能在未来激烈的人才竞争中占据优势，实现职业理想。《产教融合教程：中小企业全媒体视频制作与实战》不仅是一本教材，更是一本指导中小企业如何在全媒体时代中立足的实战指南。通过本书的学习，使读者不仅能够掌握视频制作的技能，更能深入理解视频在全媒体时代的价值，为自己和企业的发展开辟新的道路。希望本书能成为您的职业引路人，为您在视频领域的发展之路奠定扎实基础，实现人生价值，创造精彩未来！

课后思考

1. 如何成为一名"一专多能"的跨界型人才？
2. 互联网技术的发展为社会带来哪些便利？
3. 你认为AI的发展未来会取代人工岗位吗？为什么？

第二章
互联网视频行业背景与环境分析

教学内容：

1. 互联网发展概览

2. 中小企业在互联网生态中的生存现状

3. 中小企业全媒体内容分析

4. 全媒体视频注意事项

建议课时： 15课时

教学目的： 使学生了解中小企业现如今在互联

网生存现状，对全媒体视频有基础认识

教学方式： 讲授法、讨论法、案例分析法

学习目标：

1. 了解国内外互联网发展环境

2. 了解国内中小企业互联网发展现状

3. 了解中小企业全媒体视频需求

第一节 互联网发展概览

一 国内互联网发展现状

近年来，中国互联网产业蓬勃发展，无论是网民规模、互联网普及率，还是产业规模都取得了长足进步。据中国互联网络信息中心（CNNIC）发布的第54次《中国互联网络发展状况统计报告》显示，截至2024年6月，我国网民规模达10.9967亿，较2023年12月增长742万，互联网普及率达78%。

庞大的网民规模为互联网产业发展奠定了广阔的用户基础。近年来，我国互联网产业规模持续扩大，据中国信通院（CAICT）数据，2023年我国规模以上互联网企业完成互联网业务收入1.7万亿元，同比增长6.8%，实现利润总额1295亿元，同比增长0.5%。生活服务领域企业收入增速大幅提升。

随着新一代信息技术不断演进，云计算、大数据、人工智能、区块链、5G等新技术的快速发展和融合应用，进一步驱动了互联网产业的创新发展，催生出众多新业态新模式。互联网企业加速数字化转型，产业数字化进程不断加快。

在消费互联网领域，移动互联网引领产业发展，移动购物、移动社交、在线教育、在线医疗等应用快速普及，极大丰富了人民群众的数字生活。工业互联网加速两化融合，成为经济高质量发展的新动能。互联网与各行各业的融合日益深化。

数字经济成为我国经济发展的新引擎。2020年，我国数字经济规模占GDP比重达42.8%。互联网在稳定经济、促进消费、带动就业等方面发挥了重要作用。

（一）移动互联网高速发展

截至2024年6月，中国网民规模达11亿，互联网普及率达78%，其中手机网民规模达10.96亿。可以说，中国已经进入移动互联网时代，智能手机成为大众获取信息、社交娱乐、消费生活的主要载体。与此同时，各类移动应用蓬勃发展，覆盖出行、外卖、社交、金融等各个领域，极大便利了人们生活。例如，美团作为本地生活服务平台，2024年第四季度活跃用户数达到7.7亿，同比增长20.9%，骑手日均配送订单量达到4240万单；滴滴出行2024年第三季度（Q3）平台核心交易量41.18亿单，同比增长15.1%，日均交易单量3460万单，同比增长15.12%。移动互联网正深刻改变着人们的衣食住行。

（二）短视频和直播迅速崛起

随着5G网络的普及和智能手机的升级换代，图文时代已逐渐被视频时代所取代。抖音、快手等短视频平台和斗鱼等直播平台异军突起，月活跃用户数以亿计，深受年轻群体喜爱。截至2022年9月，抖音月活跃用户数已达6.08亿，日活跃用户超过2.6亿，快手的日活跃用户达到3.63亿，同比增长17.5%。在巨大的流量加持下，短视频和直播衍生出大量网红经济和直播电商，正成为互联网新的增长风口。2022年，抖音直播商品交易总额（Gross Merchandise Volume，GMV）突破10000亿元，同比增长80%，直播间引导成交金额占全网直播电商成交额的49.5%。可以预见，短视频和直播有望继续保持高增长态势，为传统产业转型升级提供新的路径。

（三）在线教育需求旺盛

纷纷通过学而思网校、猿辅导、作业帮等平台进行线上学习，K12在线教育渗透率从2019年的15%左右提升至2020年的35%以上。与此同时，成人在线教育市场也迎来爆发式增长，职场人群、创业者等纷纷通过腾讯课堂、得到等平台学习专业技能、拓展知识视野。2022年，在线教育市场规模有望突破5400亿元。未来，在线教育与线下教育深度融合的OMO（Online-Merge-Offline）模式，将推动教育资源进一步优化配置，使优质教育惠及更多的人群。

（四）互联网医疗初具规模

2019~2022年，互联网医疗的价值得到充分体现。传统线下就诊受阻，更多患者转向线上问诊、复诊、购药。阿里健康、京东健康、平安好医生等互联网医疗平台的注册用户量均突破1亿，在线问诊、电子处方、药品配送、慢性病管理等服务日益普及。以京东健康为例，2022年营收达294亿元，同比增长36%，其中在线医疗健康业务收入达24亿元，同比增长45.8%。未来，随着5G、人工智能、大数据等技术与医疗产业深度融合，互联网医疗有望打破时空限制，实现优质医疗资源的下沉，提升基层医疗服务能力，缓解看病难、看病贵等问题。

（五）产业互联网蓬勃发展

工业互联网、农业互联网、能源互联网等新业态新模式不断涌现，传统产业数字化、网络化、智能化转型步伐加快。在工业互联网领域，用友、石化盈科等企业云服务，树根互联、富士康等工业互联网平台，推动制造业提质增效、柔性生产；在交通领域，滴滴企业版、G7等推出行业解决方案，促进交通运输行业降本增效；在农业领域，农业物联网、数字农业平台不断涌现，推动农业生产智能化；在能源领域，国家电网"云大物移智链"等能源互联网建设提速，推动能源生产智能化、能源消费网络化。工业与信息化部数据显示，2022年我国规模以上工业企业关键工序数控化率、数字化研发设计工具普及率分别达55.7%和75.1%。可以预见，随着新一代信息技术与各行业深度融合，产业互联网将驱动传统产业加速数字化转型，推动形成融合创新、集约发展的现代产业体系。

（六）互联网巨头竞相布局元宇宙

元宇宙被认为是互联网发展的下一个风口，有望带来下一代计算平台变革。腾讯推出了"灵核"引擎，字节跳动1000余人的团队从事元宇宙相关业务，阿里巴巴、网易等均成立扩展现实（Extended Reality，XR）实验室，探索虚拟现实、数字孪生、Web 3.0等前沿技术在游戏、社交、商业等领域的应用，抢占元宇宙先机。Meta公司、微软、英伟达等国际科技巨头也纷纷加码元宇宙领域投资。普华永道预测，2030年元宇宙市场规模或将达到1.5万亿美元。当然，受制于技术瓶颈、生态构建等因素，元宇宙产业仍处于起步探索阶段，与科幻构想尚有差距，但必将吸引越来越多的资本和创新力量加入，推动技术突破和体验迭代，有望催生互联网下一个增长曲线。

中国互联网经过20多年的高速发展，正由消费互联网向产业互联网全面渗透，推动经济社会各领域数字化转型。移动互联网、短视频直播、在线教育、互联网医疗、产业互联网等板块亮点频频，新技术、新场景、新模式不断涌现，释放出巨大市场空间。与此同时，互联网巨头竞相布局元宇宙，探索互联网创新边界，抢占未来发展制高点。可以说，站在新一轮科技革命和产业变革的交汇点，中国互联网迎来广阔的发展前景。但也要看到，在流量红利消退、行业竞争加剧的大背景下，互联网企业亟须坚持创新驱动，深耕产业数字化，持续加强科技伦理治理，推动行业持续健康发展，在服务国家战略和增进民生福祉中彰显责任与担当。

二 \ 国外互联网发展现状

国外互联网产业起步较早，发展较为成熟。美国是全球互联网产业的领导者，拥有谷歌、亚马逊、Facebook（现名Meta）等一大批互联网巨头企业。欧盟互联网发展总体上与美国存在一定差距，但部分国家和地区，如英国、德国、法国等互联网发展水平较高。

据互联网世界统计（Internet World Stats）数据，截至2021年3月，全球互联网用户数量达到51.7亿，占世界总人口的65.6%。亚洲互联网用户数量最多，达到27.7亿，占全球互联网用户总量的53.6%。欧洲和北美洲互联网用户数量分别为8.3亿和3.5亿。全球互联网普及率为65.6%，其中北美洲互联网普及率最高，达94.6%，欧洲互联网普及率为87.7%。

在互联网应用方面，全球范围内电子商务、社交网络、在线视频等应用发展较为成熟，跨境电商快速发展，网络视频用户规模持续扩大。以短视频为代表的新型视频社交成为互联网应用的新热点。

5G商用的加速推进，为全球互联网产业发展注入新动能。2020年，韩国、美国、中国等国家和地区5G商用进程加快。5G用户规模快速增长，5G手机销量大幅提升。5G技术与垂直行业加速融合，在工业制造、交通运输、医疗健康等众多领域的应用探索取得积极进展。

2020年，全球互联网产业加速发展。远程办公、在线教育、移动医疗等应用需求激增。互联网企业收入保持增长，各产业数字化转型加快，互联网在维护社会经济发展稳定中的作用更加凸显。

社交媒体的广泛应用：国外社交媒体平台如脸书（Facebook）、照片墙（Instagram）、推特（Twitter）等已经深入人心，渗透到人们生活的方方面面。据统计，全球约有45亿社交媒体用户，占世界人口的57%。

移动互联网的普及：以美国为例，据统计美国成年人中81%拥有智能手机，几乎人手一部。移动设备已经成为人们获取信息、消费娱乐、社交互动的主要途径。

电子商务的蓬勃发展：亚马逊、易贝（eBay）等跨国电商巨头引领全球电商发展，网上购物已成为很多国家和地区消费者的主流消费方式。2021年，全球电子商务销售额达到4.9万亿美元。

流媒体视频的兴起：奈飞（Netflix）、油管（YouTube）、迪士尼＋（Disney+）等视频网站拥有海量用户，流媒体已成为欧美发达国家和地区主流的视听娱乐方式。Netflix在全球拥有2.21亿付费用户（图2-1）。

在线教育的快速发展：在线教育需求激增，在线教育（Coursera）、可汗学院（Khan Academy）等教育平台为全球学习者提供了丰富的网络课程资源。Coursera目前有超9200万注册用户。

远程办公趋势加速：Zoom、Microsoft Teams等视频会议软件让远程办公、跨国协作变得更加高效便捷。Zoom的付费企业客户已超过50万家。

　　互联网正深刻影响和重塑着国外民众的生活、工作、学习、娱乐和消费方式，成为数字经济时代的关键基础设施。随着5G、人工智能等新技术进一步发展应用，未来互联网将带来更多可能性。

三　互联网技术工具介绍

　　互联网技术日新月异，涌现出大量新技术新工具，推动互联网产业加速发展。以下选取六种主要互联网技术工具进行介绍：

（一）云计算

　　云计算是互联网时代的重要基础设施，它通过网络，按需提供计算、存储、网络、大数据、人工智能等IT资源的服务模式。用户可以很方便地访问共享的IT资源池，按需获取所需的资源，且费用一般采用"用多少付多少"的方式结算，非常灵活和经济（图2-2）。

　　云计算主要有三种服务模式：基础设施即服务（IaaS）、平台即服务（PaaS）、软件即服务（SaaS）。IaaS提供最基础的计算、存储、网络等资源，PaaS在IaaS基础上集成了操作系统、中间件、开发工具等，SaaS则提供具体的应用软件服务。

　　亚马逊AWS在IaaS市场份额位居第一，其EC2、S3、Lambda等云服务在全球广泛使用。阿里云、腾讯云、华为云是国内IaaS领军企业。Salesforce、微软Office 365是典型的SaaS服务。

（二）大数据

　　随着数字化时代的到来，各行业产生的数据呈现爆发式增长，大数据技术应运而生。大数据主要用于分析处理海量数据，具有大量（Volume）、高速（Velocity）、多样（Variety）、低价值密度（Value）4V特征（图2-3）。

　　Hadoop是最著名的大数据框架，包括

图2-1　海外流媒体视频网站Netflix

图2-2　云计算概念图（AI生成）

图2-3　大数据概念图（AI生成）

分布式存储系统HDFS、分布式计算框架MapReduce、资源管理系统YARN等关键组件。Hadoop生态圈中还有Hive、HBase、Spark等重要工具，分别用于数据仓库、实时数据库、内存计算引擎等。

在电商领域，大数据用于用户行为分析、个性化推荐、精准营销等。在金融领域大数据可作智能风控、反欺诈、智能投顾等。在工业领域大数据则用于设备监测、预测性维护等。

（三）人工智能

人工智能是计算机科学的一个分支，旨在研究如何让机器像人一样进行感知、学习、推理、决策。经过60多年发展，人工智能涌现出机器学习、深度学习、自然语言处理、知识图谱、计算机视觉等众多分支。

机器学习通过算法建立模型，从历史数据中学习经验，对新数据进行预测或分类。深度学习利用神经网络模拟人脑结构，可自动提取数据特征。当前图像识别、语音识别很多采用深度学习技术（图2-4）。

在自然语言处理领域，谷歌的BERT、OpenAI的GPT-4、Claude都是非常强大的语言模型，可用于智能对话、文本分类、语义理解等。计算机视觉主要解决图像理解问题，人脸识别、目标检测等都是典型应用。

当前人工智能在智能客服、精准医疗、自动驾驶、工业检测等众多领域发挥重要作用，成为数字经济时代的核心竞争力。但也要看到人工智能的局限性，如缺乏常识、容易受到攻击、难以解释决策过程等。因此人工智能要与人类智慧互补，形成人机协同的新型生产力。

图2-4　人工智能概念图（AI生成）

（四）区块链

区块链源自比特币，本质上是一种去中心化的分布式账本技术。区块链不依赖第三方中介，参与者共同维护一个可信的分布式数据库，具有去中心化、不可篡改、可追溯、集体维护、公开透明等特点（图2-5）。

区块链采用链式结构存储数据，每个区块由区块头和区块体组成。多个区块按时间顺序相连，构成一条链。一旦数据写入链中，任何人不能单独修改，保证了数据的安全和一致性。共识机制是区块链的关键，主流算法有PoW、PoS、DPoS、PBFT等。

区块链可分为公有链、联盟链、私有链

图2-5　区块链概念图（AI生成）

三种。公有链面向社会大众开放，如比特币、以太坊等。联盟链由多个机构联合组建，半开放半封闭，主要应用于供应链金融、产品溯源等B2B（Business-to-Business，企业间的电子商务）场景。私有链仅限于企业内部使用，安全性和性能最高。

当前区块链除了加密货币外，还可应用于供应链金融、存证、数字身份、电子政务、医疗等很多领域。但区块链技术尚不成熟，性能、隐私性、安全性、监管等问题有待解决，离规模化应用还有一定距离。

（五）物联网

物联网通过RFID（Radio Frequency Identification，无线射频识别）、传感器、二维码等技术，将物理世界中的物品连接到互联网，形成人与物、物与物相连的网络，实现物品的智能感知、识别和管理。万物互联是物联网的愿景。

物联网架构分为感知层、网络层、应用层。感知层通过各种信息采集装置，感知和采集物理世界的信息；网络层主要解决数据传输问题，包括接入网和核心网；应用层面向具体场景，实现设备管控、数据分析等。

窄带物联网（NB-IoT）是一种低功耗广域网通信技术，采用授权频谱，在蜂窝网络上部署，速率较低但覆盖广、功耗低、容量大，适合远程抄表、智慧停车、智慧农业等场景（图2-6）。

图2-6　物联网概念图（AI生成）

物联网已成为新一轮科技革命的重要方向，工业制造、智慧城市、车联网等都是物联网的典型应用领域。物联网可大幅提升生产效率、改善生活品质。但物联网也面临标准不统一、安全隐患大等问题，亟待产业链各方通力合作。

（六）5G

5G作为新一代移动通信技术，具有高速率、低时延、广连接三大特点。与4G相比，5G的峰值速率可达10Gbps，是4G的10倍以上；空口时延低至1毫秒，端到端时延在10毫秒以内；每平方公里可接入100万个设备，是4G的10倍（图2-7）。

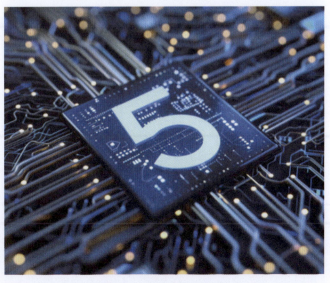

图2-7　5G概念图（AI生成）

5G网络可分为5G非独立组网（NSA）和5G独立组网（SA）。5G NSA构建在现有4G LTE网络基础上，主要应用于增强移动宽带（eMBB）场景，如高清视频、VR/AR等。5G SA为端到端的全新网络，包括新的核心网和接入网，更加灵活和高效，可满足高可靠低时延（uRLLC）、海量机器通信（mMTC）等垂直行业应用。

当前全球5G商用正在加速，已有100多个国家开通5G网络。5G手机、5G模组、5G CPE等终端快速普及，5G基站建设规模不断扩大。预计到2025年，全球5G用户数将超过17亿。

5G对数字经济、社会民生、产业变革都有重大影响。5G+工业互联网可实现设备互联、生产透明可视，5G+智慧医疗可提供远程诊断、手术示教、急救指导等服务，5G+超高清可促进VR/AR、云游戏等沉浸式体验，5G+车联网将加速自动驾驶发展。5G商用面临频谱资源、网络建设、商业模式等挑战，需要产业链各环节精诚合作、协同发力。

全球互联网发展正呈现用户规模持续扩大、产业加速融合、技术创新不断涌现的特点，数字化转型成为各行各业的主旋律。新一轮科技革命和产业变革正在重构全球竞争格局，互联网在其中扮演着愈发重要的角色。对标全球互联网发展态势，把握先进技术发展趋势，对于推动我国互联网产业高质量发展具有重要意义。

第二节　中小企业在互联网生态中的生存现状

近年来，随着互联网技术的快速发展和普及应用，中小企业面临着前所未有的机遇和挑战。

一方面，互联网为中小企业提供了更加广阔的市场空间和更加便捷的经营模式，使其有机会突破地域限制、降低经营成本、拓展客户群体，从而实现跨越式发展。据统计，截至2021年6月，我国中小企业数量已超过4000万家，其中近90%的企业已开展线上业务，互联网已成为中小企业生存发展不可或缺的重要载体。

另一方面，激烈的市场竞争和复杂多变的网络环境，也给中小企业带来了诸多挑战和困扰。一是市场竞争日益加剧。相比实体经济，互联网领域的竞争更加激烈，不少大型企业和互联网巨头凭借雄厚的资金实力和先进的技术手段，在抢占市场份额、争夺客户资源方面具有天然优势，给中小企业的生存空间带来巨大挤压。二是经营风险明显增多。网络黑灰产业、信息泄露、知识产权侵权等问题在互联网领域屡见不鲜，给中小企业经营带来较大风险隐患，一旦处理不当，极易造成难以挽回的损失。三是转型升级困难重重。受制于资金、技术、人才等方面的瓶颈制约，不少中小企业难以适应互联网时代的发展要求，在业务模式创新、数字化转型等方面困难重重、举步维艰。

互联网是一把"双刃剑"，在给中小企业带来发展机遇的同时，也给其生存经营蒙上一层阴影，但瑕不掩瑜，互联网时代大势所趋，中小企业唯有勇敢拥抱变革、积极应对挑战，持续强化自身综合实力，加快数字化转型和业务模式创新，才能在未来站稳脚跟、行稳致远。

一 中小企业在互联网生态中的国内市场贸易现状

随着数字经济蓬勃发展,国内市场贸易呈现出线上线下融合发展的新趋势。中小企业可以借助互联网平台开展网络销售、网络推广等业务,拓宽销售渠道、提升品牌影响力。

(一)网络零售规模不断扩大

近年来,我国网络零售市场持续保持高速增长,已成为中小企业拓展内需市场的重要阵地。数据显示,2020年,全国网上零售额117601亿元,比上年增长10.9%。其中,实物商品网上零售额97590亿元,增长14.8%,占社会消费品零售总额的比重为24.9%。不少中小企业积极开展网络销售业务,通过入驻电商平台、开设网络商城等方式,抢抓发展机遇,扩大经营规模。

(二)移动电商市场快速发展

随着移动互联网用户规模不断扩大,移动电商已成为拉动中小企业线上交易的重要引擎。据统计,2020年,我国手机网络零售额约8.1万亿元,同比增长13.4%,占全年网络零售总额的比重接近七成。不少中小企业积极顺应移动电商发展趋势,加强与第三方平台合作,借助小程序、社交电商等新型业态开拓市场,实现与消费者的精准连接。

(三)直播电商异军突起

2020年直播电商市场的井喷式发展,为中小企业抢占市场份额、引爆销售业绩提供了新的突破口。数据显示,2020年,直播电商整体交易规模达到1.2万亿元,同比增长超过160%。不少中小企业积极开展直播带货,通过网红明星直播、员工直播、消费者直播等多种方式,加强与用户的互动体验,在提升产品曝光度的同时,引导消费者下单转化,实现流量变现。

(四)跨境电商蓬勃发展

跨境电商可以帮助中小企业打破国内外市场壁垒,拓宽海外销售渠道。据商务部统计,2020年,我国跨境电商零售进出口额达1.69万亿元,同比增长31.1%。不少中小企业积极搭乘跨境电商快车,利用速卖通、wish、亚马逊、eBay等跨境电商平台开拓海外市场,提升出口竞争力。

总的来说,国内市场贸易正呈现出数字化、移动化、直播化、全球化的发展新态势,为中小企业插上腾飞的翅膀,为更大范围、更高水平上参与国内国际市场竞争提供了难得的发展机遇,中小企业必须加快数字化转型和业务创新的步伐,借助新技术、新模式、新业态拥抱新机遇、开创新局面。

二 中小企业在互联网生态中的国际市场贸易现状

随着经济全球化进程不断加快,国际市场已成为中小企业实现弯道超车、做大做强的重要舞台。借助互联网平台,中小企业可以更加高效地开拓海外市场,参与国际竞争与合作。

(一)跨境出口规模稳步提升

"一带一路"倡议和自贸区建设为中小企业拓展海外市场提供了广阔空间。据海关统计,2020年,我国跨境电商出口总额达12567亿元，同比增长40.1%。不少中小企业利用国际知名电商平台拓展海外业务，通过B2B、B2C（Business-to-Consumer，企业对消费者）等模式积极参与国际市场竞争，逐步形成了一批跨境电商出口产业集群和示范基地。

（二）海外仓建设加快推进

海外仓可以有效缩短中小企业销售环节、降低跨境物流成本、提升用户购物体验。近年来，随着"海外仓"模式的兴起，不少中小企业积极布局海外仓，构建离岸交付、本地配送的海外销售网络。据不完全统计，2021年我国企业在海外运营仓储物流设施超过2000个，建筑面积超过1600万平方米。

（三）跨境支付体系日益完善

跨境支付是中小企业开展国际贸易的重要支撑。近年来，在人民银行指导下，各商业银行积极完善跨境支付服务体系，持续拓展服务边界，支持中小企业便捷高效办理国际收支。数据显示，2020年，跨境人民币结算金额达28.39万亿元，同比增长44.3%。不少第三方支付机构也积极开发跨境支付产品，通过与境外机构合作，为中小企业提供多元化、个性化的跨境金融服务。

（四）国际合作持续深化

中小企业要充分利用国内国际两个市场、两种资源，积极开展多边合作、对接全球产业链供应链。一方面，积极参与国际产能合作，通过承接产业转移实现优势互补、互利共赢；另一方面，加强与跨国公司合作，通过嵌入全球供应链提升国际竞争力。数据显示，2021年1~5月，我国企业对"一带一路"共建国家非金融类直接投资549亿元，同比增长13.8%。

可以预见，随着RCEP（*Regional Comprehensive Economic Partnership*，《区域全面经济伙伴关系协定》）生效实施、"一带一路"高质量发展，中小企业将迎来更加广阔的国际市场空间。中小企业要顺应经济全球化大趋势，加快国际化发展步伐，充分利用国家多双边经贸合作机制，积极融入全球产业链供应链，不断提升全球资源配置能力，努力成为连接国内国际双循环的纽带。

除了云计算、大数据、人工智能、区块链、物联网、5G等代表性互联网技术工具外，中国互联网企业还凭借先进的商业模式、本地化运营等成功开拓国际市场，在跨境电商、移动支付、短视频等领域取得了良好的发展。以下列举三个有代表性的成功案例。

案例1：跨境电商领域——速卖通

速卖通是阿里巴巴旗下面向全球市场的在线交易平台，连接中国卖家与全球买家（图2-8）。目前，速卖通已覆盖全球200多个国家和地区，拥有1.5亿国际买家，平台上的中国卖家超过15万。作为中国最大的跨境电商出口平台，速卖通通过搭建全球收支、物流、云计算等基础设施平台，助力中小企业将产品销往海外。2020年，速卖通推出一系列卖家扶持计划，开展大规模营销活动，实现逆势增长。速卖通以其完善的电商基础设施、灵活的业务模式成功构建跨境电商生态，推动中国制造走向世界。

图2-8　速卖通主页

案例2：移动支付领域——支付宝

支付宝是中国领先的第三方移动支付工具。近年来，支付宝加速国际化布局，在东南亚、日韩、欧美等地广泛开展合作，截至目前，已覆盖全球200多个国家和地区（图2-9）。通过支付宝，中国游客在海外能够实现扫码支付，享受便捷的移动支付体验。支付宝还帮助海外商户连接中国游客，提供营销和客户服务等解决方案。支付宝联合商户共同开展"无接触"支付，保障海外消费者安全。支付宝充分利用技术和平台优势，为全球支付领域贡献"中国方案"，提升中国科技企业的国际影响力。

图2-9　支付宝国际版

案例3：短视频领域——TikTok

TikTok是字节跳动旗下的短视频社交应用，于2017年正式在海外上线。凭借先进的推荐算法和本地化运营，TikTok迅速在全球走红，成为海外年轻群体最喜爱的社交媒体之一。2024年8月，TechTipsWithTea发布了最新的2024年TikTok用户统计报告，报告指出，超过19.58%的全球人口和29%的互联网用户在使用TikTok。截至2024年8月，TikTok全球月活跃用户数达15.8亿，美国月活跃用户数达1.7亿（表2-1）。

TikTok为普通用户提供轻量化的视频创作工具，鼓励用户记录和分享生活，形成了充满活力的内容社区。面对不同国家和地区的文化差异，TikTok因地制宜开展本地化运营，举办线下挑战赛等活动，积极融入当地文化。TikTok在全球的成功证明了中国互联网产品、技术模式具有强大的输出能力，中国互联网企业完全可以在国际舞台上占据一席之地。

表2-1　近年来全球TikTok注册用户总数的表格

年份	注册用户数量
2027年	22.4亿*
2026年	21.9亿*
2025年	21.3亿*
2024年	20.5亿*
2023年	1.9亿
2022年	17.1亿
2021年	14亿
2020年	10.3亿
2019年	6.525亿

注 *指估计数字。

（数据来源：Statista）

在"互联网+"时代，中国互联网企业正在加速走向海外，在跨境电商、移动支付、内容社交等领域崭露头角，为全球用户带来优质的互联网产品和服务，提升了中国互联网品牌的国际形象。未来，在国家"一带一路"倡议等战略的引领下，中国互联网企业有望在更广阔的国际市场实现更大的发展。

三　中小企业在互联网生态中的未来发展策略

面对互联网时代的新形势新变化，中小企业必须准确把握发展大势，加快转型升级和创新发展，不断提升核心竞争力，在危机中育新机、于变局中开新局，努力实现高质量发展。对此，提出以下五点发展策略。

（一）坚持创新驱动

创新是引领发展的第一动力。中小企业要把创新摆在发展全局的核心位置，坚持创新在科技、产品、商业模式、管理等各领域发力，努力在关键核心技术上取得更大突破，加快新旧动能转换，不断增强发展动力。积极运用大数据、云计算、人工智能等新技术改造提升传统业务，加快数字化、网络化、智能化转型，推动制造业与互联网融合发展，努力实现从要素驱动向创新驱动的根本转变。

（二）强化品牌建设

品牌是中小企业参与市场竞争的"通行证"。中小企业要把"品牌强企"作为重要发展战略，加强品牌规划设计和市场营销，提升品牌影响力和美誉度。要利用互联网思维重塑品牌形象，通过讲好品牌故事、传播品牌文化，加强与消费者的情感链接，打造"网红"品牌。立足产业特色，加强产品创新和差异化经营，推动品牌价值与产品溢价相统一，实现从"制造"向"智造"转变。

（三）深化平台合作

互联网平台是中小企业触达市场的重要渠道。中小企业要加强与电商平台、社交平台、直播平台等的深度合作，借助平台流量实现产品和服务的精准营销。要积极利用平台大数据分析消费者行为和偏好，优化营销策略，提高精准触达能力。要创新销售模式，积极发展社交电商、直播电商，通过构建粉丝经济提升用户黏性。要合理利用平台规则开展营销活动，提升品牌曝光度和交易转化率。

（四）加快国际化布局

全球化是企业做大做强的必由之路。中小企业要顺应国际产能合作和产业链重构大势，加快融入全球产业分工体系。一方面，要积极利用跨境电商平台拓展海外市场，创新出口营销模式，提升品牌国际影响力；另一方面，要加强与跨国公司在研发、生产、服务等领域的战略合作，提升在全球价值链中的地位，实现合作共赢、互利发展。同时要高度重视国际化人才培养，打造一支熟悉国际贸易规则、具有全球视野的高素质营销管理团队。

（五）注重安全合规

网络安全和经营合规是企业生存发展的底线。中小企业要加强网络安全意识，健全网络安全管理制度和防护措施。要依法合规开展业务经营，严格遵守市场监管、税收征管、知识产权保护等法律法规。要重视用户隐私保护，规范收集使用用户信息。在开拓海外市场过程中，要了解当地法律法规，确保合规经营。同时要加强企业内控机制建设，强化风险防控，筑牢发展的安全底线。

总之，站在"两个一百年"奋斗目标历史交汇点上，中小企业发展既面临难得机遇，也面临诸多挑战。唯有准确识变、科学应变、主动求变，加快数字化转型和模式创新，以"永不言败、奋斗到底"的坚韧不拔，激发"闯"的精神、"创"的劲头、"干"的作风，在逆境中育先机、于变局中开新局，努力成为发展的"压舱石"和"顶梁柱"，为推动经济社会持续健康发展、全面建设社会主义现代化国家贡献智慧和力量。

第三节　中小企业全媒体内容分析

一、企业宣传片

企业宣传片是向公众展示企业形象、传递品牌理念、树立品牌认知度的重要工具。一部优秀的企业宣传片能够吸引潜在客户，提升品牌美誉度，为企业创造更多商业机会。对于中小企业而言，制作宣传片时需要考虑以下四点：

（一）明确宣传片的目的和受众

根据企业发展阶段和营销策略，宣传片可以侧重于树立品牌形象、推广具体产品、招募人才等不同目的。明确目的后，要进一步分析目标受众的特征，包括年龄、性别、职业、收入、兴趣爱好等，以便设计出与之相契合的宣传片内容和风格。例如，如果宣传片主要面向年轻群体，就要在画面色彩、背景音乐、叙事节奏等方面迎合其审美偏好。

（二）合理把控宣传片时长

一般来说，3~5分钟是较为适宜的时长。时间太短，难以充分表达企业理念和特色；时间太长，又可能让观众失去观看耐心。在有限的时长内，要突出宣传重点，精心设计每一个镜头，避免冗长累赘的画面和解说词。同时，也要根据发布渠道来调整时长，例如，微信朋友圈适合更短的视频，而企业网站则可以放置更长的版本。

（三）宣传片要讲好故事

宣传片不是企业简介的堆砌，而是要以故事线索来串联企业理念、发展历程、产品特色、企业文化等内容，增强宣传片的可看性。好的故事能够引发情感共鸣，让观众产生代入感，更容易理解和认可企业的价值主张。例如，可以讲述企业诞生和成长的故事，展现创始人的创业历程和激情梦想；可以讲述企业在行业中的领先地位和突出贡献，彰显实力与专业性；可以讲述企业服务客户、回馈社会的故事，塑造负责任的企业公民形象。

（四）注重制作质量

画面清晰、色彩鲜明、声音动听，后期剪辑流畅，字幕、动画等附加元素运用得当，都会让宣传片的档次更上一层楼。除了专业的影视制作团队，中小企业还可以考虑与高校影视专业合作，提供实习机会，在控制成本的同时，获得更多创意灵感的碰撞。对于预算有限的企业，也可利用易上手的视频制作软件，如Adobe Premiere、Final Cut等，自主完成部分视频制作环节。

在创意方面，中小企业要突出自身特色，避免同质化。可以从企业独特的发展历程、产品卖点、服务理念等方面挖掘素材，设计出差异化的表现方式。同时要紧扣目标受众的需求，设计能够引发其情感共鸣的故事情节。例如，一家生产婴儿用品的企业，可以讲述年轻父母带着孩子出游的温馨故事，表达企业助力幸福家庭的理念。

此外，企业宣传片也要彰显企业的社会责任感，展现企业积极参与公益事业、践行可持续发展等方面做的努力。这不仅有助于树立良好的企业形象，也能吸引更多认同企业价值观的消费者。例如，某公司的宣传片以"为爱前行"为主题，讲述了公司在助力贫困山区儿童教育事业中的感人故事，彰显了企业的人文情怀，广受好评。

总之，对中小企业而言，宣传片是塑造品牌形象的利器。制作宣传片要讲究策略，突出特色，控制成本，最大限度地发挥宣传片的品牌传播价值，为企业发展助力。通过精心策划宣传片的内容和风格，讲好企业故事，中小企业可以借助宣传片这一有效工具，在激烈的市场竞争中脱颖而出，赢得消费者的认可和信赖，实现品牌价值的持续提升。

二　产品广告创意

产品广告旨在通过生动有趣的表现形式，让消费者了解产品特点，激发购买欲望。广告创意是广告成功的关键，它决定了广告的吸引力和感染力。

好的广告创意源于对产品和受众的深刻洞察。要充分挖掘产品的独特卖点，可以从功能、外观、材质、使用体验等方面入手；还要深入分析目标受众的特点，他们的需求痛点是什么，他们的审美偏好是什么，什么样的诉求能触动他们。唯有做到"知己知彼"，才能创造出打动人心的广告。

（一）广告创意要"新"

"新"意味着独特、非同寻常，能给人耳目一新的感觉。"新"的表现方式有很多，可以是独特的视角、夸张的手法、幽默的语言、时尚的画面等。中小企业要突破传统思维的束缚，大胆尝试新颖的创意表现形式，让自己的广告在众多同类产品中脱颖而出。

（二）广告创意要"简"

现代社会信息泛滥，消费者的注意力高度分散，广告必须在短时间内抓住人们的眼球。因此，好的广告往往是简洁明快的，一目了然，过于复杂、晦涩的广告容易让人失去兴趣。"简"的要义是：一个主题、一个重点、一个记忆点，用最简练的语言、最直观的画面表现出来。

（三）广告创意要"深"

"深"就是要挖掘产品与受众之间的情感联系，让广告不仅仅停留在产品功能层面，而是上升到情感共鸣的高度。例如，某品牌在广告中讲述了一个关于父爱的故事，父亲用该品牌的家具为女儿打造了一个温馨的婚房，广告没有过多渲染产品，却让人感受到父爱和家的温暖，从而对该品牌产生好感。

广告创意确定后，接下来就是实施阶段。选择合适的广告载体是关键，电视、报纸、户外、网络等不同载体有不同的特点和受众，要根据广告目的和预算综合考虑。另外，广告投放的时间、频次也很重要，投放时间要契合受众的媒体接触习惯，投放频次要平衡覆盖面和重复率，避免过度重复引起反感。

在实施过程中，要重视效果评估。可以通过问卷调查、焦点小组访谈等方式收集受众反馈，根据反馈及时优化或调整广告策略。也要关注销售数据的变化，评估广告投入产出比，为下一步广告决策提供依据。

总的来说，广告创意和实施是一门艺术，也是一门科学。中小企业要发挥创意思维，洞察消费者需求，并运用科学的方法论，循序渐进、精准投放、动态优化，让有限的广告预算发挥最大效益，为产品销售和品牌建设赋能。

三　新媒体短视频

近年来，以抖音、快手为代表的短视频平台迅速崛起，成为互联网流量的新高地。短视频以15秒到几分钟的视频微内容形式，满足了人们碎片化时间的娱乐需求。中小企业可以利用短视频进行产品展示、品牌宣传，甚至实现直接变现。短视频营销已经成为中小企业数字营销的重要阵地。

（一）要选择合适的平台

不同平台的用户属性、内容调性存在差异，如抖音偏年轻化、娱乐化，而哔哩哔哩偏二次元文化、知识分享，企业要根据自身定位和目标受众选择匹配度高的平台。了解平台的特点和运作规则，才能更好地策划、制作、投放短视频内容。

（二）要制作优质的短视频内容

短视频时长有限，要迅速抓住用户注意力，视频开头3秒尤为关键。企业可以尝试"提问式"开头，用一个发人深省的问题开篇，引发用户好奇；"故事式"开头，以故事情节作为铺垫，制造悬念，激发继续观看欲望；"惊喜式"开头，开门见山展示惊喜画面，给观众意外惊喜；还可以尝试"互动式"开头，发起话题讨论，引导观众参与评论。

（三）视频正文内容要紧扣主题

言简意赅，避免不必要的铺垫。每个镜头要与主题相关，起到推进作用，做到"无镜不破"。同时，要善于运用分镜头拍摄、快速剪辑、特效转场、背景音乐等手法，使视频节奏明快，画面丰富，给人耳目一新之感。视频节奏要把握好，要有张有弛、抑扬顿挫，避免单调乏味。此外，还要注意视觉美感，构图要突出主体，色彩搭配要和谐养眼，要给观众愉悦的视觉体验。

（四）短视频要善于讲故事

故事是人类意识的底层形式，是最好的传播载体。一个动人的故事能让产品信息润物无声地传递，激发情感共鸣。例如，某餐饮企业推出的"妈妈的味道"系列短视频，每期讲述一位员工的成长故事，他们是如何将妈妈的味道、妈妈的爱融入产品制作中的。这些质朴而又暖心的故事引发了广泛共鸣，大大提升了品牌美誉度。再如，某化妆品牌的"我们不一样"系列短视频，每期邀请一位平凡女性讲述自己的故事，展示她们的独特之美。这些鲜活生动的个人故事，与产品特点完美融合，增强了品牌认同感。

（五）要注重持续输出

在短视频运营方面，要保持一定更新频率，让用户养成观看习惯，建立品牌认知。同时，要重视与粉丝的互动，及时回复评论私信，传递品牌温度，与粉丝建立情感联结。还可以利用热点话题、挑战赛等方式增加曝光，引爆传播。此外，企业还可以和其他网红博主开展合作，实现流量互推，借力出圈。例如，某手机品牌和当红博主合作拍摄Vlog（Video Blog，视频博客），展示产品性能和生活方式，双方粉丝交叉引流，实现了品牌与销量的双丰收。

（六）要重视短视频的变现

短视频积累了大量粉丝，这是巨大的流量池，关键是如何将流量转化为金钱。企业可以通过产品植入、带货分销等方式实现直接销售，或者将流量导入企业微信、电商平台等渠道，实现间接变现。当然，变现不能急功近利，要建立在优质内容和稳定粉丝基础之上，要尊重粉丝感受，把握好商业化尺度，循序渐进，实现可持续变现。

除了外部变现，企业还要重视短视频对品牌形象和美誉度的提升作用。优秀的短视频能够建立品牌个性，拉近与消费者距离，提升品牌忠诚度。例如，可口可乐推出的"把快乐带回家"系列短视频，通过温馨有爱的家庭小故事，传递品牌年轻、快乐、乐于分享的形象。这不仅为企业赢得了大量粉丝，也极大提升了品牌好感度和美誉度，为长期发展奠定了基础。

总而言之，短视频是"用户规模大、交互性强、场景丰富"的新媒体平台，蕴藏着巨大的营销潜力。它不仅是产品展示和销售的工具，更是品牌形象塑造和消费者沟通的平台。中小企业要顺应这一趋势，深耕内容创意、聚焦品效合一，打造既有营销价值、又有品牌温度的短视频内容。同时，要重视短视频的传播规律，利用话题、挑战赛等方式扩大传播，并积极探索与其他平台渠道的联动，实现流量裂变。此外，还要把握商业化尺度，兼顾内容质量和营销效果，实现内容、流量、销量的良性循环。只有这样，短视频才能真正成为中小企业的流量增长引擎，助力企业实现营销突围和品牌升级。展望未来，短视频将成为中小企业市场营销的"标配"，企业要尽早布局，抢占先机，在这个新蓝海中乘风破浪，实现跨越式发展。

四　直播与变现

网络直播是近年来兴起的又一种新媒体形态。相比图文、短视频等形式，直播更加生动直观，互动性更强。直播可分为秀场直播、游戏直播、体育直播、教育直播、电商直播等，其中电商直播与中小企业联系最为紧密。

电商直播即主播在直播间里展示、推荐商品，吸引粉丝下单购买。对中小企业而言，电商直播是低成本、高效率的营销方式。通过直播，企业可以第一时间向消费者展示产品的特点和优势，实时解答消费者的疑问，消除购买障碍；主播与粉丝的互动交流，能够拉近与消费者的距离，增进情感联结；直播过程中的优惠促销，能够刺激消费者的购买欲望。

随着智能手机的普及和网络带宽的提升，直播已成为互联网时代的"新宠儿"。据统计，2020年中国直播电商市场规模达到11352亿元，同比增长197%，预计2021年将突破2万亿大关。淘宝直播作为直播电商的龙头平台，2020年GMV突破5000亿元。抖音电商、快手电商等后起之秀表现也十分亮眼，2020年抖音电商交易额超过5000亿元，快手电商日均GMV峰值超30亿元。

直播电商的爆发式增长，意味着巨大的流量红利和变现机会，这对于中小企业而言无疑是重大利好。过去，中小企业受限于有限的营销预算和渠道，难以与大企业竞争，而电商直播则为其提供了一个低门槛、高效率的营销阵地。据调查，近七成中小企业会将直播电商作为重点营销方式，超过八成中小企业认为直播电商对其发展具有积极作用。

不过，做好电商直播并非易事，中小企业要在以下五个方面多下功夫。

（一）选择合适的直播平台

目前淘宝直播、抖音直播、快手直播是主流平台，各有特色：淘宝直播定位"种草经济"，注重商品导购和交易转化；抖音直播定位"直播＋短视频"联动，注重形式创新和娱乐互动；快手直播定位"老铁经济"，注重人情味和下沉市场。中小企业要权衡各平台的用户规模、用户属性、佣金比例等因素，选择与自身产品特点匹配的平台。一般来说，如果产品复购率高、客单价低，更适合在快手等下沉市场平台直播；如果是新品首发、品牌塑造，则更适合在抖音等时尚平台直播。

（二）挑选合适的主播

主播是直播间的灵魂，一位口才好、形象佳、有亲和力的主播能迅速为直播间聚人气。中小企业可以选择签约职业网红主播，借助其粉丝基础快速起量；也可以培养企业自己的主播，如公司老板、销售经理等，这样更能彰显品牌个性。无论是网红主播还是自家主播，都要对其进行产品知识、销售技巧、直播礼仪等方面的培训，提升其专业度。主播要真正了解产品卖点，要学会讲故事、制造氛围，要懂得把控促销节奏，这些都需要企业的大力扶持。

（三）精心策划直播内容

好的直播内容是吸引观众、促进转化的关键。内容要围绕产品卖点展开，但不能过于生硬，要以讲故事、互动游戏等形式穿插其中，增加趣味性。例如，化妆品直播可以现场试用、彩妆教学，服装直播可以搭配示范，美食直播可以现场制作、试吃等。同时，直播内容要有新意，要紧跟热点话题，不断推陈出新，避免审美疲劳。中小企业要学会借势营销，要敢于创新尝试，把直播内容做出特色。

（四）重视粉丝运营

直播变现的本质是将流量转化为销量，而流量来自粉丝。要定期举办福利活动，回馈粉丝；要积极回复粉丝评论，与粉丝互动；要建立粉丝群，培养粉丝凝聚力和归属感；要发动粉丝为直播间引流，鼓励分享、砍价、种草等。只有建立起稳定的粉丝群体，才能实现可持续的直播变现。一些头部直播机构对粉丝运营可谓十分重视，并成立粉丝后援会，营造出家人般的粉丝关系。中小企业在这方面要多向头部学习。

（五）注重品牌塑造

电商直播虽然是销售导向的，但也要兼顾品牌形象的塑造。要在直播间里凸显品牌个性和价值主张，要保证商品质量和服务品质，要处理好促销和品牌溢价的关系，不能为了短期销量而伤害品牌形象。品牌形象的建立非一日之功，需要企业在日常经营中树立正确的品牌观，并通过直播等方式，让消费者感知到品牌的独特魅力。

除了上述五点，中小企业在电商直播中还要注意危机公关。直播的实时互动性，意味着一旦出现负面状况就会被迅速放大。例如，主播失言、产品有瑕疵、物流延迟等，都可能引发公关危机。因此，企业要做好预案，遇事要快速反应、积极应对，才能将负面影响降到最低。

此外，企业还要关注直播监管动态。2021年5月，国家出台了《网络直播营销管理办法》，从七个方面对直播营销进行规范，如强化平台责任、完善公示制度、禁止虚假宣传等。这意味着，直播电商在规模扩张的同时，也将迎来强监管时代。中小企业要增强合规意识，时刻警惕直播中的法律风险。

总之，对中小企业而言，电商直播是一把"双刃剑"，运用得当，能够实现销量和美誉度的双丰收；运用不善，则可能适得其反。我们相信，只要中小企业审慎选择直播平台和主播，用心打磨直播内容，重视粉丝的培育和维系，将直播营销与品牌战略相统一，必将在这场直播变现的长跑中，跑出自己的精彩。

第四节　全媒体视频注意事项

在全媒体时代，视频已成为中小企业传播信息、提升品牌影响力的重要工具。然而，在制作和传播视频内容的过程中，中小企业必须高度重视版权、隐私保护和广告法规等法律、伦理问题，以免触犯法律红线，给企业带来不必要的法律风险和经济损失。

一　版权问题

版权是指作者对其创作的文学、艺术和科学作品所享有的专有权利。在全媒体视频制作中，中小企业必须尊重他人的知识产权，避免侵犯他人的著作权、肖像权、名誉权等合法权益。

具体来说，中小企业在制作视频时，应该使用自己原创的素材，或者获得素材版权所有者的授权许可。对于音乐、图像、视频等素材，要注意其版权归属，不能未经许可随意使用。如果使用了他人的素材，必须在视频中注明出处，并按照约定支付相应的版权费用。

二　隐私保护

隐私权是指公民的私人生活安宁与私密空间、私人信息、个人数据等不被他人非法侵扰、知悉、收集、利用和公开的一种人格权，受法律保护。在全媒体视频制作中，中小企业要尊重他人的隐私权，未经当事人同意，不得擅自披露其个人信息。在拍摄视频时，如果涉及他人的肖像、隐私等，必须事先获得当事人的同意。在后期制作中，也要注意保护个人信息，不能擅自泄露他人的姓名、住址、电话等隐私信息。此外，还要特别注意未成年人的个人信息保护，不得在未经监护人同意的情况下搜集、使用和传播未成年人的个人信息。

三　广告法规

广告是中小企业进行产品和服务推广的重要手段，然而，企业在制作和传播广告视频时，必须遵守《中华人民共和国广告法》等法律法规，不得发布虚假、引人误解或者贬低其他生产经营者的商品或者服务的广告。

案例：太仓广慈医院发布虚假违法广告案

当事人在其自建网站发布"传承韩国精细自然整形之精髓、广慈整形美容医师团、广慈副高级医师团队"等广告内容及图片，经查明，非当事人医院的医师；广告中"斥巨资引进众多国际顶尖的医疗设备"等文字内容，经查明，当事人医院内呼吸机、麻醉机、吸脂器等设备均是国产普通设备，非其所宣传的国际顶尖医疗设备；广告中"姚某某、张某……"共十四人的术前术后对比照片及相关整形日记、真实案例，经查明，部分案例是通过网络复制过来的，非该院真实案例。当事人上述行为违反了《中华人民共和国广告法》第四条第一款的规定。根据《中华人民共和国广告法》第五十五条第一款的规定，太仓市市场监管局于2020年8月做出责令停止发布违法广告、罚款28000元的行政处罚。

具体来说，广告视频中的内容必须真实、合法，不得使用虚假、误导性的表述，不得隐瞒重要信息，不得误导和欺骗消费者。对于医疗、药品、保健食品等特殊商品，广告还必须符合特殊的法律规定，不得含有绝对化的表述，不得利用消费者的恐惧心理，不得利用专业人士、公众人物的名义或者形象做推荐、证明。

四 其他注意事项

除了前面三点，中小企业在制作全媒体视频时，还需要注意以下几点：

（1）尊重社会公德，不得制作和传播违背社会主义核心价值观、格调低俗、有悖公序良俗的视频内容。

（2）遵守网络安全法，不得制作和传播含有违法违规信息的视频，如色情、暴力、恐怖、赌博等内容。

（3）尊重民族文化，不得制作和传播含有民族歧视、地域歧视等内容的视频。

（4）时刻保持警惕，提防不法分子利用视频传播诈骗、传销等违法犯罪信息。

综上所述，中小企业在制作和传播全媒体视频内容时，必须时刻保持法律意识和社会责任感，严格遵守相关法律法规，尊重他人权益，传播正能量，才能在全媒体时代立于不败之地，实现企业可持续发展。

课后思考

1. 互联网技术的发展对于中小企业的影响是什么？

2. 请分析中小企业在互联网生态中的未来发展策略，并提出自己的建议。

3. 产品广告创意与实施过程中，如何结合新媒体短视频平台强化宣传效果？

第三章
项目团队组建

教学内容：

1.项目团队构成

2.团队组建与能力要求

建议课时： 15课时

教学目的： 使学生了解视频项目团队的构造，

了解团队中每个岗位的职责

教学方式： 讲授法、演示法、讨论法、案例分

析法、任务驱动法

学习目标：

1.了解项目团队的构成

2.了解不同团队中不同岗位的职责

3.能根据自身对岗位喜好培养相关能力

全媒体项目团队不仅有视频制作团队，还有配套的运营团队、直播团队、商务团队以及后勤团队，每个团队在项目中都有着不可或缺的地位，承担着不同的责任（图3-1）。

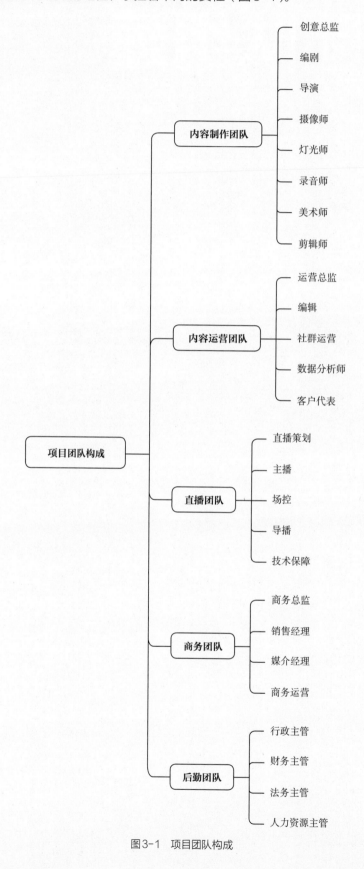

图3-1　项目团队构成

第一节　项目团队构成

一、视频内容制作团队

视频内容制作团队是整个项目团队的核心，负责视频内容的策划、拍摄、剪辑、特效、音乐等创意制作过程。这个团队通常由以下八个岗位组成。

（1）创意总监：负责把控整个视频的创意方向，提出独特的创意点子，制订视频风格和调性，审核脚本和成片质量，对整个视频制作过程进行监督和指导。创意总监需要有丰富的视频制作经验和良好的审美能力，对流行文化和受众心理有敏锐洞察力。

（2）编剧：负责根据创意方向撰写视频脚本，包括台词、画面描述、旁白等内容。编剧需要有扎实的写作功底和丰富的想象力，能够将抽象的创意转化为具体的视频内容。优秀的编剧还需要对视频的节奏把控有独到见解，懂得如何利用悬念、冲突、高潮等元素吸引观众。

（3）导演：负责根据脚本内容，统筹视频拍摄过程。导演需要将脚本中的画面和声音转化为可视化的视频内容，合理安排拍摄时间、地点、演员、道具等资源，指导演员表演，掌控拍摄现场的各方面细节。优秀的导演需要有敏锐的洞察力和沟通能力，既能把握全局，又能关注细节。

（4）摄像师：负责按照导演要求完成视频拍摄任务。摄像师需要熟练掌握各种摄影设备和摄影技巧，能够根据创意要求选择合适的机位、景别、镜头等，利用光影、色彩、构图等元素营造出独特的视觉风格。优秀的摄像师需要有敏锐的观察力和快速反应能力，能够捕捉到精彩的瞬间画面。

（5）灯光师：负责视频拍摄现场的光线设计，利用各种灯光设备营造出符合创意要求的光影效果。灯光师需要熟悉各种灯具的特点和功能，懂得如何利用光线塑造人物和场景氛围，配合摄像师完成拍摄任务。优秀的灯光师需要有良好的美学修养和技术功底。

（6）录音师：负责视频拍摄现场的声音采集和后期音频制作。录音师需要熟悉各种录音设备和录制技巧，能够根据拍摄环境选择合适的收音方式，避免噪声干扰，保证声音清晰度。后期还需要对音频进行剪辑、混音、降噪等处理，配合视频画面营造出良好的听觉效果。

（7）美术师：负责视频拍摄现场的布景、道具、服装、化妆等视觉元素设计。美术师需要根据创意要求，设计出独特的美术风格，利用色彩、材质、形状等元素营造出符合视频主题的视觉效果。优秀的美术师需要有良好的审美能力和创意思维，对色彩、材料、工艺等有独到见解。

（8）剪辑师：负责视频后期剪辑和特效制作。剪辑师需要根据视频的创意要求，将拍摄素材进行选择、排序、剪切、转场等艺术加工，赋予视频独特的叙事节奏和情感基调。同时还需要利用音效、字幕、特效等手段增强视频的表现力和感染力。优秀的剪辑师需要有敏锐的节奏感和艺术修养，对视频语言有独到理解。

以上八个核心岗位通力合作，从创意策划、拍摄执行到后期制作，共同完成优质视频内容的生产。视频内容质量的高低，直接决定了视频传播效果和商业价值，因此，视频内容制作团队需要有专业的人才、先进的设备、严格的质控标准、创新的思维，不断提升视频品质和创意水准。

二 内容运营团队

运营团队负责视频内容的发布、推广、管理等运营工作，是视频内容触达受众、实现商业价值的关键环节。运营团队通常由以下五个岗位组成。

（1）运营总监：负责制订整体运营策略和目标，把控视频内容的调性和风格，对标竞品，挖掘受众需求，优化运营流程，监控运营数据，调动各方资源，最大化视频内容的传播效果和商业价值。优秀的运营总监需要有敏锐的商业嗅觉和领导能力。

（2）编辑：负责视频内容的选题策划、文案撰写、标题优化、标签设置、排版设计等工作。编辑需要对视频内容有深刻理解，挖掘内容亮点，设计吸引人的标题和封面，撰写精彩的文案描述，合理布局视觉元素，提升视频点击率和完播率。优秀的编辑需要有良好的文字功底和创意思维。

（3）社群运营：负责在各大社交媒体平台运营官方账号，整合优质内容，通过图文、短视频等形式进行二次创作传播，引导粉丝互动，粉丝关系维护，开展话题活动，提升品牌曝光度和美誉度。优秀的社群运营需要对粉丝心理有敏锐洞察，善于制造话题和引导互动。

（4）数据分析师：负责视频内容和传播效果的数据追踪、统计、分析，如播放量、互动量、转化率、完播率、用户画像等关键指标，挖掘数据背后的用户行为逻辑，找出爆款内容的特征规律，为内容优化、受众触达、渠道选择提供依据。优秀的数据分析师需要有扎实的数理统计学基础和逻辑分析能力。

（5）客户代表：负责与广告主、代理商等合作方进行商务沟通和客户管理，根据客户需求制定视频内容营销方案，匹配流量资源，监控投放效果数据，优化投放策略，维护客户关系。优秀的客户代表需要有良好的沟通表达能力和敏锐的商业嗅觉。

运营团队通过内容策划、粉丝运营、数据分析、客户服务等多个环节的专业化运作，不断优化视频内容的传播效果，提升视频内容的商业价值，与视频制作团队形成合力，共同实现视频内容变现的可持续商业模式。

三 直播团队

随着直播电商、在线教育、游戏直播等新业态的兴起，直播已经成为视频内容传播的重要形式之一。相比于录播视频，直播更加注重主播和观众之间的实时互动，对团队协作和应变能力要求更高。一个优秀的直播团队通常由以下五个岗位组成。

（1）直播策划：负责直播选题、脚本、流程等前期策划和统筹工作。直播策划需要对直播形式和观众心理有深刻研究，能够借助热点话题、节日活动等契机，创意出新颖有趣的直播选题，设计出吸引人的直播流程和互动环节，合理分配时间和资源，把控直播节奏，营造良好的直播氛围。

（2）主播：即直播中的表演者，负责直播内容的现场表达和呈现。主播需要有良好的形象气质、出众的表达能力、机敏的反应能力，能够通过声音、表情、肢体动作等方式吸引观众，调动直播气氛。根据直播内容的不同，主播还需要有相应的专业知识和才艺技能。

（3）场控：负责直播现场秩序的维护，观众互动的引导，弹幕评论的管理等工作。场控需要实时关注直播画面和弹幕动态，快速应对各种突发状况，及时处理违规弹幕，引导观众积极互动，配合主播营造良好氛围，提升观看体验。场控人员还需要与其他团队成员保持沟通，及时反馈现场情况。

（4）导播：负责多机位画面的实时切换，构图取景，现场调度等工作。导播需要对直播内容有深刻理解，根据直播进程选择合适的视角和景别，利用特写、全景、切换等手法增强画面感染力，同时与摄像、灯光、音响等协调配合，保证画面稳定流畅，呈现出精彩的直播内容。

（5）技术保障：负责直播设备、网络、编码、推流等环节的技术支持和故障处理。技术保障需要有扎实的计算机和网络基础，熟悉各种直播设备的性能和操作，能够快速排查各种技术故障，保证直播画面清晰流畅，最大限度减少直播事故，为直播内容的呈现提供可靠的技术保障。

直播团队通过充分调动主播、策划、导播、技术等各方面资源，实现优质直播内容的生产和输出。同时通过与观众的实时互动，获得即时反馈，不断优化直播内容和形式，提升直播效果，增强品牌影响力。

四 商务团队

商务团队通过客户开发、商务谈判、合同签署等环节，将视频内容的流量价值转化为商业利润，为企业带来实实在在的收益。商务团队通常由以下四个岗位组成。

（1）商务总监：负责制订整体商务战略和目标，统筹商务资源，带领团队开拓市场，维系重点客户。商务总监需要有敏锐的商业嗅觉，对市场和客户需求有深刻洞察，制订有竞争力的商务方案，协调公司内外部资源，推动商务项目落地。优秀的商务总监还需要有出色的谈判能力和领导能力。

（2）销售经理：负责具体商务项目的执行和落实。销售经理需要发掘潜在客户，分析客户需求，设计营销方案，开展商务谈判，推动合同签署，并在合同执行过程中与客户保持良好沟通，及时解决问题，维护客户关系。销售经理还需要与公司内容、运营等团队密切配合，确保营销方案的顺利实施。

（3）媒介经理：负责挖掘、采购、管理优质媒介资源，扩大视频内容的传播渠道和影响力。媒介经理要对各类媒体平台的受众特征、传播效果、广告形式有深入了解，能够根据客户的商业需求选择合适的媒介组合，谈判媒介价格，优化媒介排期，并实时监控媒介效果，及时优化媒介策略。

（4）商务运营：负责商务合同的执行监管、客户服务、数据报告等工作。商务运营需要与销售经理密切配合，跟进合同执行进度，监控关键节点，协调公司内部资源，确保合同如期履行。同时还需要与客户保持良好沟通，及时响应客户需求，定期汇报营销效果数据，提升客户满意度和续约率。

商务团队通过专业化的商务拓展和客户服务，把视频内容的流量价值转化为实际的营销收益。商务团队需要深入了解客户需求，设计出有竞争力的商务方案，发掘优质的媒介渠道，并与内容制作、运营等团队密切配合，最终实现商业变现的目标。

五 后勤团队

后勤团队是视频制作和运营过程中的重要保障，为其他团队提供行政、财务、法务、人力等支持，维护企业正常运转。后勤团队通常由以下四个岗位组成。

（1）行政主管：负责日常办公环境的维护，公司资产的管理，企业文化的建设等工作。行政主管需要合理调配办公资源，为员工营造舒适高效的办公环境。同时还需要组织培训、团建等活动，增强团队凝聚力，传播企业文化。在节日庆典、重大活动中，行政主管还需要统筹安排，为活动提供后勤保障。

（2）财务主管：负责企业财务管理和资金调度。财务主管需要编制财务预算，控制成本支出，盘活资金存量，提高资金效率。同时还需要建立完善的财务核算体系，准确记录和反映企业经营状况，定期编制财务报表，为企业决策提供数据支持。在融资、投资、并购等重大财务活动中，财务主管要进行可行性分析和风险评估，为企业发展提供财务指导。

（3）法务主管：负责处理企业法律事务和合规风险。法务主管需要审核合同协议，化解法律纠纷，维护公司合法权益。同时还需要进行法律风险评估，对潜在的法律风险进行预警和防控。在知识产权保护方面，法务主管要制订专利、商标、著作权等知识产权战略，打击侵权行为。此外，法务主管还需要开展普法教育，提高员工法律意识，营造合法合规的企业环境。

（4）人力资源主管：负责企业人才的招聘、培养、考核和激励。人力资源主管需要根据企业发展战略制订人才规划，优化人员结构，储备关键人才。在招聘方面，人力资源主管要建立科学的招聘流程和考核机制，甄选优秀人才。在培养方面，要建立完善的培训体系，促进员工成长，实现人岗匹配。在绩效考核和薪酬激励方面，人力资源主管要建立公平公正的考核和分配机制，调动员工积极性。同时还需要关注员工职业发展，为员工提供晋升通道和成长机会。

总之，行政、财务、法务、人力资源是企业运营的四大支柱，共同构成了企业的后勤保障体系。后勤团队默默地为其他部门提供支持和服务，是企业高效运转的基石。企业要重视后勤团队建设，完善规章制度，改善办公基础设施，提高服务水平，为企业发展提供坚实的后盾。同时，后勤团队还要主动了解业务部门需求，及时响应和满足，提高服务的针对性和有效性。只有后勤团队与业务团队紧密配合、相互支持，企业才能实现高质量、可持续的发展。

第二节　团队组建与能力要求

全媒体视频制作是一项复杂的系统工程，需要多领域人才协同合作。组建一支专业化的视频制作团队，对于提升视频质量，打造精品力作至关重要。本节将重点探讨全媒体视频制作团队应具备的专业知识与技能，如何开展有效的团队协作与沟通，以及整合跨学科知识，构建多元化人才团队。

一　专业知识与技能

全媒体时代，视频制作涉及图文、音频、视频、动画等多种表现形式，对从业人员的专业素养提出了更高要求。一支优秀的视频制作团队，应该汇聚编导策划、摄影摄像、灯光音响、剪辑包装、视觉设计、特效动画、新媒体运营等多方面的专业人才。每个岗位既要求从业者具备精湛的专业技艺，又要与时俱进学习新知识、掌握新技能。

（1）编导：策划是视频创作的核心。编导人员需要洞察受众需求，把握选题方向，构思创意点子，撰写完整的脚本方案。这就要求他们具备敏锐的洞察力、丰富的想象力和过硬的文字功底。同时，了解多样化的叙事手法和传播规律，对音视频语言有深刻认知。优秀的编导策划能让作品更具思想性、艺术性和传播力。

（2）摄影摄像：摄影摄像人员需要驾驭不同类型的拍摄器材，掌握曝光、构图、景别、机位、运动等拍摄技巧，是视频画面的重要保障。无论是纪实性的新闻报道，还是艺术性的影视创作，都对摄影摄像提出专业要求。例如，纪录片拍摄讲究捕捉决定性瞬间，真实还原事件本来面目。微电影拍摄则更注重故事性，通过镜头语言塑造主角，渲染氛围，传达情感。可见，扎实的摄影摄像专业技能是影像创作的基石。

（3）灯光音响：灯光师需要熟悉不同类型的灯具，通过光影塑造，营造视觉氛围，引导视线焦点，无论是冷峻的写实光，还是温馨的情绪光，灯光语言都能增强画面表现力；录音师则通过收音，让声音还原现场，烘托情感，专业的录音设备、声学处理等都是需要掌握的技能。灯光音响虽然是幕后工种，却是视听语言的重要组成部分。

（4）后期剪辑：剪辑师需要通过视听素材的取舍组接，构建完整的叙事结构和节奏感。剪辑不仅是简单的画面拼接，更是创作思维的再现。长短镜头的分寸，画面转场的设计，声画的配合处理等，都需要专业的剪辑技法。色彩校正、音频混缩、字幕制作等后期处理，也是提升作品观赏性的利器。

（5）新媒体运营：分发传播是视频价值的体现，运营人员需要洞悉新媒体平台的传播特点，因地制宜开展推广。除了传统的电视、院线渠道，更要善用微博、微信、短视频等新媒体平台。通过话题策划、互动H5、直播问答等运营手段，让优质视频内容触达更广泛的受众群体。

随着视觉传达日益丰富，动态图形设计、三维动画特效等方面人才备受青睐。平面设计师需要掌握字体版式、色彩搭配、构图形式等设计基础。动画师则运用关键帧、补间动画、三维建模等技术生成动态影像。在新媒体时代，酷炫的视觉包装和动态创意，能让视频作品更具吸引力。

综上所述，全媒体视频制作需要更多专业人才配合，既要各司其职又要协同创新。团队成员应不断更新专业知识，掌握前沿科技，用匠心精神打磨视频作品。唯有如此，才能让专业过硬的视频制作团队，推出精品力作，赢得市场与口碑。

二　团队协作与沟通

全媒体时代的视频制作日趋复杂化、系统化，是一项高度协同的团队作业。无论是前期策划、中期制作，还是后期包装、发布传播，每个环节都离不开团队的紧密配合。如何凝聚共识、建立默契，形成合力，考验着视频团队的协作与沟通能力。

（一）明确的目标

一个优秀的视频制作团队，应在项目伊始就达成一致愿景：我们要创作一部什么样的作品？传递什么核心价值？影响哪些目标受众？这需要团队成员通过头脑风暴、集体讨论，凝聚思想达成创作共识。只有大家对最终的作品定位、呈现方式有了明确预期，才能避免目标偏差，掌握正确方向。

（二）科学的分工

制订周密的项目计划，明确各部门的职责分工，厘清工作节点和时间进度，能确保按时保质完成任务。而团队成员应树立"整盘棋"思维，在完成个人工作的同时，主动了解上下游环节的进度。策划思路如何影响拍摄？拍摄素材如何影响剪辑？唯有如此，才能统筹兼顾，让个人工作与团队目标精准对接。

（三）高效的沟通

定期召开项目碰头会，搭建线上协作平台，畅通沟通渠道，让信息流转更高效。领导者应善于倾听，用开放包容的态度，接纳员工的意见和建议；成员之间要守望相助，以理性、友善的方式提出批评意见。用平等交流代替命令控制，用理性讨论代替情绪发泄，让团队交流更顺畅、更温暖。

（四）严格的管控

及时复盘阶段性工作，总结成果，查找不足，优化改进方案。建立责任追踪机制，考核关键节点的完成质量，将团队绩效与个人利益挂钩，调动主观能动性。当遇到难题时，领导要带头攻坚克难，用行动提振团队士气。在及时赏识个人贡献的同时，更要注重宣扬团队荣誉，增强集体认同感。

（五）轻松的氛围

鼓励团队成员打破思维定式、跳出固有框框至关重要。领导要包容失败，允许团队试错，只有宽松自由的工作环境，创意灵感才能迸发。同时也要设置"胜任压力"，激发团队突破自我、挑战极限。当面临争议时，应客观辨析利弊得失，以事实和数据说话，让决策更理性、更科学。

总之，视频制作是多工种混编的复杂项目，既讲究分工又强调协作。从创意构思到成片输出，每个环节都凝结着团队成员的智慧和汗水。要坚持目标导向，完善沟通机制，调动积极性和创造力，让每个人都成为团队的中坚力量。唯有心往一处想，劲往一处使，才能汇聚起众志成城的磅礴力量，铸就精彩的视听作品。

三 \ 跨学科知识整合

全媒体时代，视频传播呈现出空前的多元化特征。泛娱乐、泛知识的内容形态，对于全媒体人才提出了更高要求。优秀的视频制作团队，不仅要精通专业领域，更要博采众长，广泛涉猎，努力成长为"跨界"型人才。

第一，熟悉传播学、新闻学、媒介经营等相关理论十分必要。这是视频制作的基本功，掌握受众心理、把握传播效果、洞察行业趋势，都离不开扎实的理论根基。团队成员要主动学习传播理论新知，用以指导实践。例如，借鉴"议程设置"理论，优化选题策划；参考"使用与满足"理论，研判受众喜好；运用"媒介融合"理论，谋划传播渠道。理论学习看似间接，却能提供系统的思维框架，帮助我们研判行业变革，创新传播实践。

第二，文学、历史、哲学、社会学等人文学科的熏陶也不可或缺。视频制作从来不是简单的技术活，更是一门融思想性、艺术性、观赏性为一体的人文创作。文学素养能引导我们塑造丰满的人物形象，历史知识能帮助我们还原宏大的时代背景；哲学思辨让作品更富思想深度，社会学视角让观众更懂得人情世故。"内容为王"的时代，优质的视频节目应传递真善美，引发受众深度思考。兼收并蓄的人文积淀，能让创作者站得更高、看得更远，用视听语言书写动人故事、表达人文关怀。

同时，心理学、教育学、认知科学等交叉学科也值得关注。例如，借鉴认知心理学，优化视频的叙事节奏，设置悬念，调动"自上而下"加工，让受众主动参与信息加工；参考媒体识读理论，因人而异地设置文本难度，提升受众的可理解性；运用学习理论，增加互动问答，强化认知效果。总之，视频节目不仅要吸引眼球，更要打动人心、启迪智慧。团队成员应努力成为"杂家"，博采众长，用跨学科思维武装头脑，借助科学理论优化传播实效。

第三，学习经济学、管理学、市场营销等商科知识，对视频制作也大有裨益。视频节目要触达受众，获得良好口碑，单靠内容创新还不够，还需要在运作方式、商业模式上另辟蹊径。例如，借鉴产品经理思维，以"用户为中心"打磨内容产品，以"数据说话"来优化节目编排；学习营销理论，制订创新传播方式，为优质内容寻找用户和市场；参考商业模式，寻求内容与广告、电商的联动，实现内容与商业的共赢。商科知识与传媒专业看似八竿子打不着，但跨界思考，往往能带来意想不到的灵感和启发。

第四，大数据、人工智能、虚拟现实等新技术的发展，也在重塑视频传播的业态。例如，运用大数据分析提炼用户画像，实现千人千面的精准视频推荐；借助 AI 合成技术，提升视觉特效渲染的效率；利用 VR、AR 等沉浸式交互，创新视频叙事和呈现样态。面对技术变革带来的新机遇新挑战，从业者必须加强学习，与时俱进。只有主动拥抱前沿科技，我们才能驾驭高新技术这个"新玩具"，用创新型的视听语言，触达数字原住民。

总之，全媒体时代对视频制作人才的要求不断提升，过硬的专业素养只是基础，博采众长的跨学科整合能力更为关键。传播学知识教会我们解构媒介，人文学科涵养我们的人文情怀；心理学等交叉学科优化传播效果，商科知识为创新运作提供灵感；新技术变革更需要我们主动学习，拥抱未来。唯有打破学科藩篱、兼收并蓄，团队成员才能站在时代潮头，以开放的姿态、宽广的视野应对传媒变革。建设一支专业化、创新型、复合型的新媒体人才队伍，用优质内容和创新传播，书写媒体融合的崭新篇章。

课后思考

1. 团队合作的重要性是什么？
2. 如何培养适应岗位要求的能力？
3. 组建一个直播团队需要哪些岗位？

第四章
视频策划与内容制作

教学内容：

1.拍摄前期

2.拍摄中期

3.拍摄后期

建议课时： 90课时

教学目的： 使学生建立课程认知，结合当下市场（企业）热门风格、内容、形式，让学生全面了解和掌握实际视频拍摄与制作的整个流程；巩固专业基础的同时，着力培养学生的实践操作能力

教学方式： 讲授法、演示法、讨论法、任务驱动法

学习目标：

1.熟练掌握撰写文案、脚本的方法和技巧

2.在拍摄前、中、后期灵活运用视听语言

3.熟练操作剪辑软件并使用剪辑技巧

4.具备一定的后期视觉包装能力

5.任选一个平台建立账号，确定账号内容、拍摄剪辑内容、上传平台

第一节　拍摄前期

一　确定视频内容

在影视作品中，我们常说"剧本是'一剧之本'"，它承载着故事的核心思想、情感表达和人物形象塑造，是制作团队共同创作的基石。这一原则同样适用于短视频领域，其优质内容是吸引流量的关键，因为好内容更能吸引观众的眼球，激发兴趣，提高视频的"转赞评"，并助力视频成为爆款。因此，无论是电影、电视剧还是短视频，剧本都是作品的骨架，它不仅支撑着整个作品的逻辑，还承载着情绪、社会、商业、知识以及审美等多维度的价值。只有骨架结实，作品才能在叙述上逻辑严密，在情感上深入人心，在视觉上引人入胜。

正如衣服需根据骨架和体型设计选择，剧本也决定了视频的"骨架"和"体型"，它设定了视频的基本结构和叙事框架，以及视觉风格。摄像和剪辑则如同"衣服"，根据剧本的"体型"来选择风格和手法，影响故事的呈现和观众的视觉体验。例如，手持摄像与固定机位长镜头摄像适用于不同的故事内容，带给观众的代入感也截然不同；剪辑的节奏同样影响故事情绪的传达。通过"量体裁衣"的方式，我们可以将故事情节、人物关系、情感变化等元素有机串联，使观众清晰理解故事，接受信息，并感受情感。色彩和光影则如同首饰，根据不同的故事内容，通过光影和后期色调的把控，营造出层次感和立体感，完成视频质感的展现；光影色彩的变化也能呈现出不同的情感和氛围，如温暖、神秘、青春或忧郁，增强视频的氛围感和感染力。即便场景故事内容相同，不同的光影色彩打造方法也能营造出截然不同的效果，实现"画龙点睛"。因此，作为视频创作者，我们应学会"量体裁衣"和"画龙点睛"，让摄像剪辑技术服务于故事核心，让光影色彩服务于故事传达的信息和情绪，创作出既有深度又有广度的视频作品。

在为中小企业创作视频内容时，我们首先要进行深入的市场调研，包括了解品牌目标、受众特性和具体的营销计划。基于这些信息，我们综合评估并制订出最适宜的视频内容策略与方向。在正式撰写剧本或文案大纲之前，需要确定视频的呈现方式——是单支视频还是系列视频，因为这将直接影响视频的创作质量、创作方向和最终成效。

单支视频和系列视频在内容和形式上各有特点。单支视频适合集中传达一个信息或推广特定产品，类似于短篇小说，要求在有限的篇幅内迅速吸引观众并有效传达核心思想。因此，在单支视频的剧本创作中，关键在于明确我们要传达的信息，确保一个清晰的"中心思想"能够准确无误地传递给观众。

相比之下，系列视频通常包含两条以上的长视频或短视频，更适合讲述品牌故事、文化故事或展示共性问题。在系列视频的剧本创作中，我们需要明确每个视频的子主题，并考虑如何在统一的核心主题下构建不同的故事。同时，我们需要在共同构建一个更大的叙事框架中，考虑需要几条视频来讲述故事，以及如何让这些故事既具有连贯性又保持吸引力，持续激发观众的兴趣和期待。因此，对于系列视频的策划和撰写，关键在于"环环相扣"。无论是单支视频要求传达的"中心思想"信息，还是系列视频要求的"环环相扣"信息，视频需要传递和表达的核心信息都是构建观众情感连接和品牌记忆的关键。这个核心信息构成了视频的骨架，它决定了剧本文案的"体型"，摄像剪辑的"衣服"，以及光影色彩的"首饰"。因此，我们在与企业方沟通时应按照以下顺序讲述策划思路：根据调研结果形成创意思路→提炼视频内容核心信息→展示视频内容呈现方式、形式、风格→提供剧本文案大纲→设计拍摄脚本、分镜、拍摄计划表。

二 撰写剧本文案

（一）撰写大纲

1.基本框架模式

在本文中，我们提供一个简单的框架模式，旨在帮助读者在撰写基础文案时如何围绕前期调研情况快速入手并系统地组织内容，这个框架模式的核心是"解决两个问题"。

（1）问题一：对核心信息的提炼。根据前期调研再次与甲方明确核心概念或信息，这通常包括企业的品牌理念、产品特性、服务优势或特定的市场定位。这些信息将成为基础文案的骨架，以甲方的核心信息作为基本要素来搭建基础文案，确保文案内容与甲方的商业目标和形象保持一致。具体方法是，根据核心概念的名词和优势、特性代表的形容词进行分类与整理，归纳共性与关联性，为接下来文案结构的搭建做准备。

（2）问题二：对文案结构的搭建。基于文案的编写逻辑，根据甲方的核心概念信息，构建文案的基本结构。包含以下"五要素"。

①主题：根据归纳出的名词和形容词来进行发散性思考，但不能偏离核心信息与基本情况。

②类型：根据归纳出的名词和形容词来确定短视频的类型形式、风格调性。类型形式是传统宣传片、口播类还是纪录片（Vlog）类等。风格调性是说教、娱乐，还是故事等，这将影响文案的语调和表达方式。

③情节：设计一个简洁而吸引人的情节，使视频内容具有叙事性，能够引起观众的兴趣。

④人物：设定与情节相关的角色，他们可以是真实的人物、虚构的角色等。

⑤人物行动：描述行动的核心是描述起因、经过和结果。

2.基础文案目标

在深入理解框架模式的基础上，更加精确地界定基础文案的目标要求，确保文案不仅有效、创新且具有强烈的吸引力。首先要在文案中巧妙地融入创意点，创意点应新颖独到，能够触动目标观众，并且能精准地传递核心信息。例如，采用独特视角或创新视觉的表现手法来吸引观众的注意。其次是文案的目标必须明确，无论是提升品牌知名度、增强产品认知、促进销售，还是提高用户参与度，这些目标都应在文案的各个环节中得到体现。通过精心设计的情节和人物行动，可以强化这些目标，确保文案的每一部分都为实现这些目标服务。这样的文案不仅能够吸引观众的眼球，还能够在情感和认知上与观众产生共鸣，从而实现预期的沟通效果。

（二）细化文案

"线性叙事结构"是小说、电影、电视剧、纪录片、企业宣传片等常见的叙事结构，可分为单线型结构和双线型结构，也可以简单理解为单线故事和双线故事。

1.单线型结构

（1）定义：围绕一两个主要人物展开情节描述。

（2）用途：可用在日常生活记录、美妆变装、产品展示视频等。

（3）特点：情节简单，线索明晰。

2.双线型结构

（1）定义：以一个基础人物或物品为主线展开，延展出副线，副线可以是同背景或同主题的故事情节，最终形成双线合并讲述共同主题。

（2）用途：可用在纪录片、商业婚礼视频、宣传片、人物传记宣传片等。

（3）特点：运用明暗或主副双线并行同时展开，能容纳更为纷繁复杂的生活内容，能更丰满地刻画人物形象。

案例："线性结构"视频分析《舌尖上的中国》

以2017年国产纪录片《舌尖上的中国》为例，其在叙事结构上采用了双线型结构，这种展开主线与副线的叙事结构丰富了纪录片的内容和深度，使观众能够从多角度和多层面地理解，中国饮食文化与人民生活方式之间千丝万缕的联系，传达了更深层次的文化意义和社会价值。这种结构使得纪录片内容丰富而立体。

主线：食物与制作工艺。《舌尖上的中国》主线基本聚焦于中国各地的特色食材和传统烹饪技艺，每一集都围绕一个特定的主题，如"器具""香料""宴席"等，通过展示食物的制作工序或手法，或者展示食物原产地等，向观众传达中国饮食文化的特色和多样性。

副线：人物与故事。副线聚焦于农民、渔民、厨师等多样职业群体，以及扮演"父母""子女"等家庭角色的人物，他们的生活与食材的采集、食物的烹饪过程密切相关。镜头捕捉了他们的日常生活与工作状态，这些平凡生活中的非凡之处是"以小见大"的，体现了中国人民对生活的热爱、辛勤劳作和坚韧不拔的精神，也展示了他们对于中国传统文化的坚守与传承。纪录片双线叙事下的多元视角能够展现食物与人们之间的情感联系，引领我们深入探讨中国社会演变中各地区的独特人文情怀，中国家庭观和情感表达方式，以及中国人与自然和谐共存的状态和理念。

三、设计脚本

（一）设计脚本的目的和重要性

剧本（文案）是文字（文学）层面的创作，构成了所有虚构类影像作品的核心骨架。脚本是将这些文字转化为具体的画面，提供拍摄所需的详细信息（如镜头运动、构图等）和指导，确保团队拍摄过程的顺利进行。脚本可以分为文字分镜和视觉分镜（在动画设计中称为故事板）两种形式。文字分镜通过文字描述每个镜头的内容，包括镜头号、景别、拍摄角度、镜头运动、画面内容（要描述场景、角色行为、群演状态、道具细节等）、台词、光和音效（表4-1）。视觉分镜则通过绘画形式展现场景搭建效果、镜头运动轨迹、演员表情等，使团队对拍摄内容、方式和进度有直观的了解。从文字到影像，从抽象到具象，脚本需要将文字层层剥茧，达到视觉流畅。因此脚本是导演摄像的"现场工作手册"，是影像化的剧本，也被称为可视化剧本。

表4-1 文字分镜模拟案例

镜头号	景别	拍摄角度	镜头运动	画面内容	台词	台词时长 /s	音效（音响音乐）	光	备注
1	特写	仰拍	固定镜头	逆光拍摄：光影照过树叶	无	2	鸟叫，树叶被吹动的声音	早晨6点日光	
2	中景	平拍	摇+跟	背着帆布包的女孩推着自行车准备上车向前走，嘴里叼着一片面包，戴着头戴式耳机	今天是2024年3月26日	7	自行车车轮声，脚步声，环境音	日光，自然光	
3	大全景	平拍	跟+拉	女孩骑车进入十字街口的斑马线，人们急匆匆地在过马路	今天和昨天一样	4	电动车、汽车、红绿灯的声音	自然光	

（二）文字分镜与视觉分镜设计带来的好处

设计文字分镜或视觉分镜在视频制作中是至关重要的环节，它不仅为整个制作过程提供了清晰的指导，还确保了从前期策划、中期拍摄到后期制作的每个环节都能高效且协调地进行（图4-1）。

（1）甲方能够通过文字分镜与视觉分镜获得对创意和视频内容的基础画面设想，这有助于减少沟通成本，确保所有利益相关者对视频的预期和目标有共同的理解。

（2）演员可以根据文字分镜与视觉分镜了解摄像机的拍摄重点，从而准确地为自己的表演做准备，知道哪些情感和细节需要在特定镜头中强调。

（3）通过图像和场景布局，故事情节和对话被具体化，这不仅帮助团队成员更直观地理解视频的最终效果，也使得创意和叙事更加生动和清晰。

（4）精心设计的文字分镜或视觉分镜能够确保现场拍摄工作有条不紊，提高工作效率，避免因遗漏拍摄内容而导致的返工，从而节省时间和资源。

（5）在后期剪辑阶段，按照脚本顺序可以快速进行粗剪，这大大提高了后期制作的效率，缩短了视频从拍摄到成品的周期。

简易的视觉分镜绘制能够将文字分镜表述不清晰的部分以图的形式展示出来，在绘制视觉分镜时不仅可以理清剧本的整体构思，还可以疏理情节之间的连贯性同时需要注意的是，简易视觉分镜需要标明两个重要的信息：一是演员行动方向，可用箭头或文字；二是用箭头标明镜头运动的形式，也可用文字辅助（图4-1）。

（三）人工智能在视觉分镜设计中的应用

有些人会提出疑问，我没有美术基础，怎么设计视觉分镜？我脑中有很多充满设计感、氛围感的画面，但是我不会画。在今天这个人工智能普及的时代，即便是脑海中充满创意但不会画画的人也可以实现视觉分镜的创作。

图4-1 简易视觉分镜（绘制：肖从柯）

首先，电子化的脚本模板已经非常普及。例如，影视飓风的"闪电分镜"提供了一站式的影视策划解决方案，它包括 Web 网页和 Pad 端软件，能够协助完成影视拍摄前期的视觉分镜绘制、通告制作、场景管理和拍摄场记。特别适合初级入门制作者和学习如何流程化制作的用户，能快速策划和规划拍摄通告，从而提高工作效率。又如，剪映的"创作脚本"功能，是为降低视频制作门槛而设计的，它允许用户在剪映移动端脚本库中选择不同类型的视频脚本，然后按照设定好的脚本进行拍摄、剪辑来完成视频制作。这个功能特别适合零基础的用户，因为它提供了详细的步骤指导，使得视频制作变得更加简单。目前，剪映移动端已经上线了包括美食、旅行、萌宠、Vlog 等系列的创作脚本模板。

其次，AI 技术在设计视觉分镜中也能够帮助没有专业基础的用户实现"视觉分镜自由"。例如，Midjourney、OneStory、奇域 AI（图4-2）等工具，都能够根据简单的关键词，复杂的剧本文档，瞬间的灵感，快速生成、转化为专业的分镜脚本和影视级图像，一定程度上可以保证视觉分镜的连贯性。利用 AI 设计视觉分镜的优势在于提高创作效率、降低制作成本，并为创作者提供强大的视觉化支持，它的应用范围已经逐渐从短视频扩展到广告、影视、动画制作、游戏设计、新闻报道、教育培训等，为不同领域的创作者提供更多的便利和可能。

最后，AI 技术为我们带来了便利和创新，它们在提升工作效率和降低成本方面发挥了积极作用。然而，我们必须认识到，在创意决策和艺术表达的核心环节，人类的参与是不可替代的。这些工具应被视为增强我们创作能力的助手，而非替代人类创造力和直觉的全权代理。我们应该巧妙地结合 AI 技术与人类的独特视角，以确保作品既高效又富有创意。

镜头1：大全景，向上30° 慢推，环境音　　镜头2：特写，微仰慢推，音乐，眼神坚定从　　镜头3：俯拍远景，主观视角，向右横摇，
　　　　　　　　　　　　　　　　　　左往右看　　　　　　　　　　　　　　　　音乐

镜头4：低角度平拍，固定，音乐+队伍跑过　　镜头5：平拍，慢拉，音乐+队伍跑过的声音
的声音

图4-2　奇域AI生成视觉分镜

（四）脚本设计中的常见问题及提升技巧

初学者在设计文字分镜和视觉分镜时，往往会面临一些挑战，这些问题限制了分镜的丰富性和表现力。以下总结了几个在分镜设计中可能遇到的问题。

首先，文字分镜中的画面内容可能过于简单，缺乏对场景细节的描述，导致最终的视觉效果不如预期丰满。其次，景别的选择可能过于单一，没有根据叙事的需要来变化远景、中景、近景和特写，这限制了故事的情感深度和视觉冲击力。再次，人物或物品的细节处理可能不够丰富，缺乏对角色动作和道具细节的精细描写，这使现场拍摄团队会对具体细节内容产生疑问，需要花大量时间沟通讨论。此外，拍摄角度的选择也可能过于单一，没有充分利用平拍、仰拍、俯拍等不同视角来增强画面的动态感和视觉层次。运动形式的单一性也是一个问题，镜头的运动如果缺乏变化，如只有简单的推拉，而没有摇移或其他复杂的运动，那么画面的流动性和吸引力就会大打折扣。最后，构图的平庸感会影响画面的美感和艺术性，如果构图缺乏创意和变化，总是使用相同的三分法或对称构图，那么最终的作品可能会显得单调和缺乏新意。

为了提高脚本设计的质量和丰富性，可以在日常实践中进行一些有针对性的训练。例如，在分析优秀影片时，应该细致地记录下画面中的每一个细节，包括道具、人物状态和场景环境，以此来丰富文字分镜的内容。同时，我们也应该学习不同影片中的景别运用，尝试在分镜设计中加入远景、中景、近景和特写等多种景别，以适应不同的叙事和情感表达需求。这样做有助于在实际拍摄时更精确地重现场景，使画面更具层次感和细节。

此外，在拍摄日常视频时，应尝试从不同角度捕捉画面，如平拍、仰拍和俯拍，以增加视觉的多样性和动态感。在分镜中规划镜头的运动，如推、拉、摇、移等，可以增强故事的流动性和吸引力。通过积累和分析优秀的影片、摄影或绘画作品，可以学习不同的构图技巧，如三分法、对称式构图、框架式构图等，并将这些技巧应用到自己的脚本设计中，参考同风格或同类型的优秀作品，逐步提升自己在脚本设计方面的能力，增强画面的美感和表现力，同时也能提高自己的审美水平。通过这些刻意的训练和实践，可以有效地解决分镜设计中的问题，提升整体的创作质量。

（五）结合模拟案例训练分镜意识

在掌握了脚本的基本概念和重要性之后，需要通过结合实际案例来深化对镜头设计的理解。因为在视频创作中，单一镜头作为视频的最小核心单位，是构筑视频作品的基础，分镜设计（包含文字分镜与视觉分镜）也就成为视频创作的核心环节。首先，要深入理解文本与视觉语言的转化逻辑，将叙事内容拆解为视觉符号，理解什么叫分句，如何通过分句设计分镜。其次，通过模拟商业项目场景，学习如何利用分镜头精准展示产品特点、品牌故事及关键信息。最后，训练运用多视角设计分镜，丰富信息层次与情感表达。掌握这些方法，有助于全面提升分镜设计能力，使创作者能更专业地运用镜头语言讲述故事、传递价值，为视频创作奠定基础。

1. 理解分句与分镜头的关系

分句这一概念在电影、电视剧、短视频中的运用与文学或语言中的句子结构有着某些相似的地方，运用在电影、电视剧或短视频中则体现在一系列连续的镜头、画面和声音元素，构成一个相对完整、独立的意义单元。

案例："今天是周日，天气很好，我要和我的朋友们去游乐园。"

这句话中，"今天是周日"在句子结构中作时间状语且单独看也是完整的陈述句。而在视频里，"今天是周日"可能不足以构成一个完整的分句，因为它缺乏足够的视觉和听觉元素来形成一个丰富的叙事单元。如果拍摄"今天是周日"的画面内容是手机日历显示是周日，或电视播放某段新闻说今天是周日，画面中的主人公正在刷牙，也算作较为直白的视觉再现；想要呈现更加完整、丰富的视觉体验，可以拆分成几个或若干分镜头来表达"今天是周日"，如镜头一是手机显示日历，镜头二是主人公听着音乐，拉开窗帘，伸个懒腰，镜头三主人公做丰盛的早餐，镜头四主人公选择衣服和准备出门的物品，如此构成了"今天是周日"一个相对完整、独立的意义单元。因为这些分镜头融入了一系列角色的行为、环境的描绘和声音的配合，使其成为一个有意义的叙事部分，那么它就可以被视为电影或视频中的一个完整的分句。同样"天气很好"这句话在视频中可以拆分为几个镜头来展现天气如何好，镜头一空镜天空中有漫画式的大片云朵，镜头二、镜头三用特写和全景结合拍摄路上有穿着亮丽运动衣的人戴着耳机在跑步，镜头四逆光特写拍摄树叶或花伴随着鸟叫，镜头五全景早餐店铺热气腾腾的景象，镜头六运用中景拍摄在早餐铺吃饭的人们。

通过分句的划分和组合，视频能够更加精准地掌控故事的节奏、情感变化和意义传达。每个分句都可以视为视频叙事中的一个节点，它们相互衔接、交织，共同构成了完整的视频故事。分句拆分成若干个分镜头的结合目的就是将故事和情感以更加生动、直观的方式呈现给观众。

2. 商业项目中的分镜头展示重点

在校企合作的过程中，不少学生缺少服务甲方的思维，而这个思维不仅需要在文案环节加以训练，如前期撰写文案，后期旁白配音念出文案，而且要在视频制作环节做到时刻提醒"用视觉强化产品"。用视觉强化产品的重点，一是强调品牌标识，二是强调产品优势。看似简单的两个方面实际在拍摄过程中常常会被忽略或者考虑不全面。我们在这里举两个实际的案例帮助大家加深理解。

案例1：分镜设计与Logo

学生团队A在接到商业产品推广视频任务时，按照日常视频的分镜头进行设计，其中增加了一个产品品牌标识的镜头，但品牌标识在其成片中展现时间短，一闪而过，甚至有几帧品牌标识展现不完整，导致观众看完视频不知道这个产品是什么品牌，进而无法在潜在用户心中留下印象，最终导致推广失败。复盘：在前期分镜设计过程中应该尽可能多角度、多景别的展现品牌标识，因为在实际拍摄过程中会出现不能和前期分镜设计百分百吻合，导致呈现效果不理想；拍摄经验较少的同学除了可以在前期多角度、多景别的设计分镜，还可以尝试在拍摄过程中把此类素材的拍摄时间延长，控制在10秒左右，这样在后期剪辑或进行其他特效制作时对素材就会有更灵活的把控。

案例2：分镜设计与场景

学生团队B在接到商业产品推广视频任务时，和甲方进行了关于产品宣传点沟通后，策划并拍摄视频，最终该视频在介绍产品部分只展示了甲方提出的相关要求，甚至画面都是甲方设想的再现方法，却没有加入团队作为用户的"需求"或是产品的"场景再现"，没有真正"服务到甲方"，而是"协助甲方"。作为乙方，我们需要具有"利他"思维，从用户的需求出发去宣传产品，用镜头画面简单明了地向用户展示产品的使用方法，如什么样的用户或何种情况下用户需要这样的产品，拍摄时就应该再现这样的场景，当我们在视频中多角度地展现出真实用户的需求，这不仅是给甲方展示我们的专业度，而且用户会脱口而出"我就需要这样的东西！"从而起到广而告之的作用。

脱离典型的"学生思维"，正是课程中需要让学生学会"换个角度"思考问题的思维模式。我们需要把这个简单的思维培养成新的思维习惯，从而提供更加全面和有说服力的图文内容，为接下来的企业或者品牌方合作减少沟通成本。

3.拍摄视角在分镜头设计中的应用

视觉在视频制作中扮演着关键角色。现在，让我们进一步探讨拍摄视角如何影响视频的叙事和观众的感知。拍摄视角主要分为主观视角、客观视角、独特视角。

（1）主观视角：让观众成为体验者，从第一人称的角度深入感受产品特性和使用情境，增强观众的沉浸感。主观视角有效激发观众的购买冲动，实现"所见即所得"的效果。在日常生活分享类型的视频中，我们拍摄视角主要运用主观视角。主观视角模拟了拍摄者（我）的视角，即观众（你）所看到的，创造了一种身临其境的体验。这种代入感让观众能够深入了解拍摄者的日常、情感和思考，同时通过这种视角，观众仿佛亲自参与到了拍摄者的生活中。

（2）客观视角：让演员面对镜头，全面展示产品特性。客观视角模拟了演员作为"朋友"的角色，通过互动交流进行"诚心安利"。在拍摄AB两个人对话视频时，我们要学会采用不同的视角来丰富叙事。通常采用"A眼里的B""B眼里的A"（正反打镜头）以及我们"我们看AB"（客观镜头）等三种视角。这种多角度的拍摄方式，能够全面地展现对话双方的情感、动作和表情，从而深入地交代人物之间的关系和对话时的心境。同时，通过"我们看AB"客观镜头展现周围环境气氛，观众能够更好地理解对话发生的背景和情境。这种多角度的呈现方式，使得对话场景更加生动、真实，观众也能够更加深入地理解对话的内容和含义。

（3）独特视角：采用低视角（低机位）或高视角（如航拍或站得高），为观众提供一种新的视角去了解和认识产品。在制作特定的主题视频时，如救助流浪动物，则可以采用独特（创新）视角。例如，通过模拟这些动物的视角来撰写文案和拍摄画面，以一种低角度的视角展现它们的生活状态和所处环境。这种独特的视角能够让观众更加直观地了解这些动物的日常生活，从而激发观众的同情心和关注。这样的沉浸式体验不仅增强了视频的吸引力，也提高了其感染力，使观众更有可能采取行动以支持救助工作。

因此，我们可以总结，无论是在拍摄商业项目还是纪录片，拍摄题材不同就需要选择不同的视角来呈现。通过合理运用不同拍摄视角，能够更好地展现画面的视觉效果和情感氛围，从而增强观众的代入感和情感体验。

四 开拍前准备

开拍前需要具备的基础技能包括：拍摄排期规划能力，掌握拍摄基础技术，灵活运用视听语言（如景别、拍摄角度、镜头运动、构图和灯光），熟悉器材操作，以及声音设计。此外，视觉包装设计也是必备技能之一，它涵盖了后期的视觉特效和包装工作。

（一）拍摄排期规划

甘特图是项目管理中常用的工具，它通过条形图的形式展示项目的时间进度，在拍摄前期做时间规划时可以使用这一工具，作为一个剧组，合理规划拍摄排期是很重要的。

1. 明确时间线

甘特图通过直观的条形图展示每个拍摄任务的开始时间和结束时间，使得整个拍摄计划时间线一目了然，这有助于团队成员理解自己的任务在整个项目中的位置，从而更好地安排自己的工作。

2. 优化人员与设备分配

在拍摄过程中，对人员、设备、场地等的合理分配至关重要。甘特图可以帮助导演、摄像快速识别全组人员设备的使用情况，确保统筹规划的合理利用，避免到现场道具忘带，演员迟到延长拍摄时间，少拍、漏拍、不知道拍什么等情况出现。

3. 提高团队协作水平

甘特图提供了一个共享的视觉平台，所有团队成员都可以查看项目进度和最新任务，这样的透明度有效提高团队沟通效率，进而提高整体工作质量。

4. 跟踪整体进度

甘特图能够提供每个任务的实际进度，可以帮助我们在后期与计划进度进行比较，这有助于及时发现偏差，在必要时进行进度调整或细节调整，确保项目按计划进行。

5. 高效总结

项目完成后，完整的甘特图可以作为总结工具，帮助分析哪些地方做得好，哪些地方需要改进，总结经验教训，这些对未来项目的规划非常有参考价值，可以改进未来的项目管理实践。

案例：Next碗（表4-2）

表4-2 Next碗项目计划表（局部）

2024 年 9~12 月

9月　10月　11月　12月

系列1	系列2	合计项目	完成项目
解锁新吃法	美食合集	9	6

项目分类	项目主题	地方	项目内容	拍摄日期	发布情况	负责人	是否完成	日 1	日 2	日 3	日 4	日 5	日 6	日 7	日 8	日 9	日 10	日 11	日 12	日 13	日 14	日 15	日 16	日 17	日 18	日 19	日 20	日 21	日 22	日 23	日 24	日 25	日 26
解锁新吃法	海底捞做饭	海底捞	1.酸辣粉 2.米饭＋水/蛋羹＋××＝××粥 3.油条包虾滑 4.凉拌（免费） 5.油炸（后厨） 6.贡菜毛肚双炮响（拼成麻花辫） 7.无骨鸡爪 8.酸辣土豆泥＋粉茄汁土豆泥捞面 9.钵钵鸡 10.肥牛包金针菇 11.饮品类：西瓜＋冰块＋雪碧/椰子汁	9/16	已拍摄6期 已剪辑6期 已发布4期 9.18 9.24 10.2 10.5	吴×瑾	☑																										
	汉堡店新吃法	塔斯汀/KFC	1.炸鸡麻辣拌 2.冰淇淋一吃两用 3.鸡丝土豆泥火鸡面	9/26	已拍摄3期 已剪辑2期 已发布2期 10.8 10.12	×萍	☑																										
	零食新吃法	奶茶＋蛋糕	1.蜜雪冰城冰淇淋＋小方蛋糕＋小水果＝冰淇淋蛋糕 2.奶茶小料＋无糖奶茶＝奶茶粥	10/10	已拍摄2期 已发布2期 10.15 10.19	吴×瑾	☑																										

（二）拍摄基础技术

1.镜头的起幅和落幅

起幅和落幅是镜头运动中的基础环节。起幅是摄像机开拍的第一个画面，而落幅则是摄像机停机前的最后一个画面，它们对于视频的完整性和连贯性起着至关重要的作用，在镜头运动中（推、拉、摇、移、升、降、甩）起幅和落幅的要求更为严格。

首先，要保证拍摄的第一个画面起幅和最后一个画面落幅拍摄时，以清晰和静止作为开始和结束。其次，起幅和落幅都要留有足够的时间，称为"预留画面"。一般建议在5秒左右，以保证在后期剪辑时的流畅连贯，甚至是在后期环节能够给"二次创作"留有余地。落幅则要求更准确，特别是在推镜头的拍摄中，需要根据内容要求，将画面停留在前期设计好的景别，并将被摄主体置于画面的最佳结构点上，要将最后一个画面拍摄完成之后停留5秒左右再停机。最后，要保证"镜头运动"的动作连贯。在拍摄过程中，确保镜头运动的连贯性是非常重要的，这关系到观众能否流畅地理解和感受故事。

为确保镜头运动的连贯性，总结了以下两个方法，在一定程度上可以实现镜头运动的连贯性。一是在拍摄前规划镜头运动。在分镜设计中详细规划每个镜头的运动轨迹和每个镜头的时间，是一个预判的过程，类似"预演"，这其中包括起幅和落幅、镜头运动路径、镜头运动速度变化以及结束时的定点位置。通过细致的规划、预演，可以使镜头运动更加流畅和自然。二是保持镜头稳定。可手持稳定器、使用相机三脚架或其他辅助稳定的设备来保持镜头运动过程中的稳定，避免剧烈的抖动和晃动（除了必要的手持摄像）。特别注意在拍摄人物或物体的运动时，尽量遵循其自然的运动规律，不要突然改变镜头运动的方向或速度，以免破坏画面的连贯性。如果画面中需要通过横摇镜头展示信息，要注意尽量将镜头运动速度降低。如果以现实中的人眼看物体移动的速度为标准拍摄画面，那么画面中会有拖影或无法准确传递出想要表达的信息，观众视觉感觉是一晃而过，进而导致画面拍摄无效。

2.镜头运动的分类

镜头运动有三类：画面外运动，指景别、镜头运动、构图、剪辑等都是通过调整摄像机（手机）机位前后、焦距、变焦以及后期改变画面的动与静、大与小、多与少；画面内运动，指演员走位（调度）、灯光变化等时摄像机（手机）固定不动，如演员走向镜头，灯光明暗变化，灯光位置变化；画面内外组合运动，摄像机（手机）拍摄时是否参与运动是区分镜头运动分类的核心逻辑，在实际案例中常常使用画面内外组合运动的结合，使视频更加吸引观众，让观众尽可能在该条视频中停留时间变长。

（三）视听语言

视听语言伴随电影艺术而诞生，随着电影技术的发展而逐渐成熟。它综合了摄影、绘画、戏剧、音乐等多种艺术形式的元素，形成了一套专门用于电影和视频制作的叙事语言。这套语言包括视觉元素和听觉元素。

视听语言在影视制作中占据核心地位，它不仅承载着叙事的功能，还负责塑造观众的情感体验和认知理解。通过视听语言的运用，创作者能够引导观众的注意力，激发情感共鸣，构建复杂的叙事结构，以及创造沉浸式的观影体验。短视频则沿用了视听语言的核心元素和逻辑，因此在服务中小企业的视频制作中，视听语言的专业运用能够展现制作团队的创意和技术能力，有效传递企业信息，增强其品牌形象。

在本章中提到的视听语言包含以下几个内容：景别，拍摄角度，镜头运动，构图、灯光、声音设计。

首先我们从大家最熟知的景别开始进一步地拆解视听语言在为中小企业创作视频时的运用。

1.景别

景别是指被拍摄物体所占画面大小，属于画面外运动。长、短视频都是以视觉为主导的信息传播载体，专业有质感的长、短视频依旧会根据电影的语法规则进行创作。不同景别传达的信息重点和范围是不一样的，任何景别的基础作用都是传递信息。景别可分为特写组、中景组、全景组（表4-3）。

表4-3　景别的分类

大类	细类
特写组	大特写、特写、近景
中景组	中景、中近景
全景组	小全景、大全景、无人机

（1）特写组。其核心目的是捕捉演员的细腻表演、给故事信息埋伏笔，交代人与物、人与时空之间的重要关系，主要特点是通过强有力的视觉冲击感与观众产生共情。

①大特写。拍摄范围是将人物的面部或物体的重要细节部分尽可能占满整个画幅。拍摄人物时，镜头会聚焦在眼、口、手等重要特定部位，刻意把观众的注意力集中在一个被绝对放大的区域（图4-3）。其目的一是强调细节；二是强调人物面部此刻的微表情、传达的微情绪，揭示人物的内心世界；三是改变视觉节奏，带给观众视觉冲击感；四是隐喻、埋伏笔；五是强化物体质感，准确表现物体的材质、形体和颜色，从而强化观众对物体的感知。

②特写。拍摄人物时范围给到肩以上，拍摄物体时是物体的某一局部的放大，即为特写（图4-4）。特写镜头可以加深观众对特定信息的感知，通过紧凑的构图排除多余的视觉干扰，使得观众的注意力集中在画面中实焦的部分，通过视觉语言完成叙事焦点；特写镜头也常用于隐喻性地传递信息；在后期剪辑中，特写镜头与其他景别剪接在一起，可以通过变化镜头的时长和视角，创造出独特的蒙太奇节奏，使影片过渡更加

图4-3　AI生成大特写

图4-4　各类宣传片的特写截图

流畅，增强视觉冲击力。

在产品广告视频、宣传片视频中，我们都会看见特写的大量运用，正如我们前面所讲特写镜头的目的，综合来看特写镜头能够快速有效地吸引观众的注意力，传递关键信息，并激发情感共鸣。

案例1：产品广告特写的运用

在产品广告中，特写镜头通常用来展示产品的精细工艺（非遗工艺）、材质质感或独特的设计元素（LoGo、产品打开方式、使用方法）。例如，食品广告中，食物的特写镜头能够激发观众的食欲，通过展示食物的新鲜、口感来吸引消费者；特写是即食产品还是加工产品，吸引潜在消费群体。特写镜头在产品广告中通过放大产品的"卖点"，使潜在客户能够直观地感受到产品的优势和吸引力。

案例2：宣传片特写的运用

宣传片是一种营销工具，是以客户需求为导向的视频，我们可以根据客户的不同需求把它大致分为初级需求和中级需求。初级需求是告诉目标人群"我们是做什么的？你能得到什么"。中级需求是告诉目标人群"我们是做什么的？我们的故事是什么？你会得到哪些"。

现在我们将通过两个不同的案例来进一步分析特写在宣传片中不同需求的运用。

初级需求的宣传片只是需要通过一部分特写展示场景环境，人物行为，旁白讲述宣传信息，例如，拍摄关于瑜伽馆的宣传片可能会使用特写镜头捕捉练习者平静的呼吸和放松的姿态，营造出一种宁静和平衡的气氛，其目的是介绍"我们是做什么的"，特写镜头展示瑜伽馆更衣室设置特点，提供一些优质服务，场馆设施材质，其目的是介绍"你能得到什么"，这样的特写镜头配合着旁白，潜在消费者可能就因为我们展示的某些细节而对瑜伽馆感兴趣，产生信任，最终报课。

当甲方提出中级需求时，那么无论是企业品牌宣传片还是活动宣传片，都需要告诉目标人群"我们是做什么的？我们的故事是什么？你会得到哪些东西"，简单来说就是要将"产品"和"文化"结合在一起传递给观众。我们可以把"产品"和"文化"拆解成"物""人"两个方面去策划和拍摄，会更加快速地输出一部"有人情味儿"的宣传片。

例如，我们模拟为一家奶制品公司制作宣传片，其中可用特写来表现的中级需求。展示公司过去现在奶的来源一直保持新鲜，"过去"照片特写动画、"现在"特写清晨奶牛在草地上吃草；新员工和老员工关于牛的检查进行交谈、记录；展示制作过程不断机械化规范化，特写机械手臂操作着每一个环节，包括消毒、灌装到密封；展示品质监管，特写实验室的科研人员专注的眼神、试管中的牛奶样品检测；展示消费者享用产品，特写孩子快乐的笑容和家人的笑容。

以上四个特写镜头一是展示了产品新鲜卫生质量过关，二是传达了品牌对健康生活方式的倡导，让观众感受到选择该品牌产品将会提升"幸福感"。这就是特写镜头信息传递和表达情感共同输出的简单模拟案例，我们需要在"产品"和"文化"中合适地巧妙地穿插特写镜头，让镜头语言辅助剧本或文案来传递信息，抒发情感。

③近景。拍摄范围一般在人物的胸部以上（图4-5），包括手臂和手的动作，以及以人物为中心的周围环境，近似于人眼观察事物的区域大小。近景的目的，一是捕捉和传达人物的"普通"情感，（"复杂"情感可由特写和大特写来完成），展示上肢动态，同时要求展示部分动态衔接连贯；二是展示环境信息，近景能够在展示人物的同时提供一定的环境信息，帮助建立场景的背景和氛围。

图4-5　AI生成近景

（2）中景组。拍摄范围一般在人物的膝盖以上，又称"半身镜头"。主要作用是叙事，交代人物和环境信息，没有情感的景别。中景景别的目的，一是从叙事角度来讲，观众可以看到人物流畅的动作，如走路、坐下、站立等，当然也能够看到人物表情，进而保持叙事连贯性，在剪辑中可以用来平滑地过渡场景；二是从身体语言角度来讲，中景镜头有助于捕捉人物的身体动作和姿态，这些非语言的信息对于叙事和情感表达非常重要；三是从空间感角度来说，中景镜头可以增加画面的空间感。

（3）全景组。拍摄范围是人物或物体的全部样貌，展现场景整体。全景作为一种强有力的视觉叙事手法，能够深刻展现中式美学中的意境之美。它通过"大景写私情"的方式，通过广阔的景观来衬托和强化个体细腻的情感体验，从而创造出强烈的情感共鸣和视觉冲击力，由此可以感受到作品中所蕴含的深层次情感和哲理。全景镜头可以扩展观众的视角，赋予其"全知"视角或"上帝"视角的体验，从而增强观众的沉浸感和对场景的全面理解，使观众能够从更宏观的角度感受故事情境，增加视觉叙事的深度和广度。

①小全景。拍摄范围是从人物的脚到头，也叫"顶天立地"。小全景景别的目的，一是可以展现行为，将人物动作、动态放在更广的空间里展开；二是可以高效叙事，能够在不牺牲太多环境信息的情况下展现人物行为（包括情绪带来的行为），环境变化。

②大全景。拍摄时人物通常只占据画面的一小部分，而剩余的空间则用来展示背景。拍摄环境时捕捉整个场景或广阔的环境，都是以一种宏观的视角来叙事。在电影、纪录片、旅游宣传片和自然类节目中尤为常见。大全景景别的目的，一是可以交代环境关系，这种构图有助于建立场景的规模感和空间感，如展

示故事发生的具体环境（城市、乡村、山脉或海洋等）；二是可以强调空间关系，通过展示人物与环境之间的空间关系，强调人物在场景中的位置，通过构图的方法进而营造传达特定的情感或主题，如孤独、渺小或自由等；三是可以营造氛围和情绪，如在开场通过展示广阔的天空、壮丽的山脉或宁静的湖泊等画面，有效地营造一种特定的氛围和情绪，为故事设定基调。大全景用在结尾处，可以有效地营造人物在这种画面下呈现的独特感觉，留给观众来解读、回味。

③航拍。无人机在电影和视频制作中是一种革命性的拍摄工具，它允许摄影师以前所未有的方式在空中俯视更广阔的全景或跟拍。使用无人机拍摄画面的目的，一是丰富视角，丰富了观众除平视、俯视、仰视以外的全新视角，如高空飞行镜头或鸟瞰镜头，让观众有了更好的视觉体验和了解被拍摄体的多方面角度；二是进行动态追踪，许多无人机都具备动态追踪功能，能够自动追踪移动的物体，捕捉动态场景，让原本可能呈现不出来的画面得以呈现。

通过对特写组、中景组、全景组三大组别的分析可以总结：景别的主要目的是传递信息和情感；景别与信息之间的关系是相互作用的，景别越大，环境信息越多，景别越小，强调信息越重要。

2.拍摄角度

拍摄角度是指摄影机和被摄对象的角度位置，分为平拍、仰拍、俯拍。它们对视频的视觉风格、叙事节奏和情感表达有着重要作用和影响，但不同的拍摄角度具有不同的视觉效果和情感氛围。

（1）平拍。平拍作为一种基础且重要的拍摄手法，在视频拍摄中一直都是首选角度，这种拍摄角度将摄影机放置在与人眼大致相同的高度，从而创造出一种观众亲临其境的视角，也能够营造出一种亲切、真实的氛围，让观众感受到平等和参与感，从而更加投入地体验和理解影片内容。平拍角度的运用，首先有助于维持画面的稳定性和真实感，能够在无形中增强故事的可信度，适用于纪录片、新闻报道以及人物访谈，使观众更加专注于人物的表情和言语，而不会被过分夸张的视角分散注意力。其次，平拍角度具有普遍适用性，有着自然和直接的特点，能够提供一种观众易于接受和理解的视角。通常以一种平和、客观的方式呈现故事或信息，使观众在没有视觉冲击的情况下自然地沉浸在影片或者视频所要传达的信息之中。

（2）仰拍。仰拍是指摄影机机位低于正常视线，将摄影机放置在被摄对象的下方，向上仰视拍摄，形成仰角，从而创造出戏剧化效果。

①仰拍摄人物，传递崇高感。仰拍通过改变观众的视角，可以有效地传达特定的情感和气氛。例如，在紧张或神秘的场景中，仰拍可以增加一种不安或期待的感觉，仰拍还可以强化人物的权威感、力量感或英雄气质，这种角度使人物显得更为高大和强大，常用于表现领导者、英雄或其他重要角色的入场或关键时刻，或者"小人物、大努力"的形象；仰拍还可以在视觉上拉长人物的身体比例，增加其在画面中的存在感，使其在观众心中留下深刻印象。

②拍摄环境，塑造形式美。在拍摄建筑、雕塑或其他环境时，仰拍可以创造更大的透视效果，强调结构美感；仰拍可以展示建筑的线条和形状，增加画面的秩序感；仰拍可以表现天空与建筑物之间的对比，从而增强画面的形式美感。

仰拍角度的运用需要根据视频的风格、叙事需求和情感氛围来精心设计，恰当的仰拍角度，可以创造出更具有强烈视觉冲击力和情感影响力的画面，从而提升整体的叙事效果和艺术表现力，激发观众情绪，给人留下深刻印象。

（3）俯拍。俯拍是指摄影机机位高于正常视线，将摄影机放于被摄对象之上的拍摄角度。

①俯拍人物，塑造压迫感。俯拍角度使人物显得更为渺小，从而强调他们在环境中的脆弱与无力。

②俯拍环境，强化视觉震撼感。可使用航拍器进行拍摄，无人机航拍、俯拍能够提供广阔的视野，捕捉到场景的全貌和规模，使观众从不同的视角重新审视熟悉的环境，为观众带来视觉上的震撼和空间上的宏伟感。

俯拍角度的运用不仅丰富了视频的视觉层次，还能够在叙事中发挥关键作用，通过改变观众的视角，引导观众的情绪反应，从而增强故事的表现力和观众的沉浸感。

案例：不同拍摄角度的"男孩望着汉堡"

平拍时，摄影机与男孩的视线保持同一水平高度。画面中，男孩注视着汉堡，此刻特写对焦在男孩表情，他的眼睛里充满了期待和渴望，汉堡作为前景虚化，拉动变焦将焦点聚焦在新鲜出炉的汉堡，展现汉堡的诱人，汉堡的热气缓缓升起，细节清晰可见，男孩的表情作为背景虚化。这种拍摄角度使观众能够与男孩产生共鸣，感受到男孩看到美食的喜悦和即将要品尝到汉堡的兴奋之情。

仰拍时，将摄影机置于男孩的下方，镜头向上捕捉他望向汉堡的情景。仰拍视角强调了汉堡在男孩心中的重要性，这个汉堡对于男孩来说可能是遥不可及的，或许是因为贵，或许是一个奖励，画面以仰拍的角度显得汉堡更加庞大，占据了画面的主导地位，而男孩则显得相对渺小，这种对比增强了汉堡对男孩的吸引力。

俯拍时，让摄影机位于男孩的上方，向下俯瞰整个场景。镜头运动形式依旧不变，在餐厅内的俯拍视角中，首先镜头实焦对准男孩，观众可以通过橱窗看到男孩的整个身体姿态、着装以及餐厅外的场景（假设寒冬飘着鹅毛大雪），他望着开放式厨房的餐厅正在制作美味的汉堡，前景虚焦是工作人员正在有条不紊地制作着汉堡，再拉动变焦，实焦工作人员的场景，虚焦小男孩，这种拍摄角度不仅展示了汉堡对男孩的吸引力，而且营造出一种温馨亲切的氛围，令观众猜想到男孩可能会进餐厅，也可能会幸福地跑走，但不会像仰拍的汉堡是主导地位，具有象征意义。

通过三种不同的拍摄角度，画面展现了男孩与汉堡之间的不同情感和视觉关系，从而丰富了故事的层次和观众的感知体验。平拍角度提供了共鸣，仰拍角度创造了渴望，而俯拍角度则传达了满足和幸福。这些角度的变化使得同一个场景呈现出不同的情感表达和视觉冲击，因此我们需要根据不同的情感需求使用不同的拍摄角度。

3. 镜头运动

（1）推镜头。推镜头是指摄影机在拍摄过程中向前移动，逐渐靠近被拍摄对象，可以创造一种亲近感，使观众感觉更加接近人物或动作。

（2）拉镜头。拉镜头与推镜头相反，是指摄影机向后移动，远离被拍摄对象，可以揭示更多的场景信息，或展示人物与环境的关系，常用于从局部细节过渡到整体背景。例如，为一家餐厅拍摄宣传片时，作为摄影师脑子里第一反应的画面，必须要有餐厅环境，甲方提出需要表现我们的服务员服务得好，镜头从一张摆满甲方想要宣传的菜品开始，逐渐拉远，展现出餐厅的宽敞空间，优雅、忙碌、面带微笑的服务员，这种拉镜头能够传递出餐厅的舒适氛围和优质服务，给观众留下这家餐厅从菜品、服务到环境的整体印象。

（3）摇镜头。摇镜头是指摄影机的机位不动，只有机身做上下、左右的旋转运动，主要作用是介绍环境，表现人物动态。摇镜头与升、降镜头不一样，摇镜头可以创造动态的视觉流动感，常用于展示广阔的风景或追踪移动中的对象。在城市宣传片或电子产品展示视频中，能够展示出产品种类多样化。

（4）移镜头。移镜头是指摄影机在垂直轴上上下移动，也可称为跟镜头，可以灵活改变拍摄角度，常用于强调高度变化，一般现场采访和录制 Vlog 常会使用这个方式。

（5）升镜头。升镜头是指摄影机向上移动，使用摇臂或无人机，可以制造从低到高的视角变化。

（6）降镜头。降镜头与升镜头相反，摄影机向下移动，可以创造高到低的视角变化。

（7）甩镜头。甩镜头是指摄影机在快速改变拍摄方向时的弧线运动，以创造一种突然的视角转换。在为某跨国旅游公司制作宣传视频时，使用甩镜头快速切换不同国家景点的画面，镜头从一座雄伟的山脉甩到一片宁静的湖泊，再甩到一座古老的建筑，展示旅游目的地的多样性和魅力，这种甩镜头能够营造节奏感，吸引观众对旅游目的地产生兴趣。

以上只是介绍使用单一镜头的例子，在实际操作中，通常是要将两个或两个以上的镜头结合使用，才能使视频更加吸引观众，让观众尽可能在该条视频的停留时间延长。

4.构图

无论是摄影、摄像还是绘画，构图的目的主要是突出主体、增强视觉、创造韵律三个方面。

（1）自检。绝大多数初学摄影者对构图的理解只停留在概念层面，看见实物之后就忘记构图。怎么运用，因此我们总结了几个共性问题，在开始之前先做一个"自检"。

①是否对造型基础充分了解。找到并且归纳地平线、水平线、平行线、放射线对一些人来说有一定困难，导致不能有效地展现构图中的垂直水平构图、对角线构图、曲线构图，从而出现比例不恰当、不和谐，造成画面失衡、画面主体不突出等问题。

②是否对拍摄特写建立信心。有些人不知道画面中哪一个部分会对观看者更有吸引力，所以拍摄景别以全景居多，造成画面没有主体信息，也就无法营造视觉冲击力，对拍摄对象的距离畏惧，导致在拍摄人物时，害怕被拍摄者发现，不敢与拍摄者沟通。

③是否对拍摄环境背景足够关注。拍摄过程中或多或少地破坏了摄影画面的完整度，但这并不全是摄影技术原因导致的，而是在拍摄时缺少对周围环境的观察，和后期修图时对画面整体环境细节的关注度不够。

④是否对拍摄视角灵活操控。构图影响视觉作品给人的第一印象。随着手机拍摄功能的更新进阶，操作灵活，不断趋于专业，越来越多的人可以使用基本的构图方法拍摄，但抓人眼球的视觉作品却越来越少。选择合适的拍摄角度能够灵活布局画面中的元素，让画面主体更突出，更有张力和视觉冲击力。

（2）解决办法。

①建立"眼中尺"。拍摄前在手机或摄像机的屏幕上调出"参考线"或"水平仪"，借助屏幕上的白色辅助线观察拍摄对象。首先，要学会观察地平线和横的白色辅助线的位置关系，是否平衡，这样可以快速拍摄出水平构图；其次，要观察垂直线与白色辅助线，是否垂直相交，这样可以有效地帮助拍摄者发现透视；最后，在上述基础加入其他构图原则并灵活使用，使拍摄的画面更加和谐。

②建立前景、中景、后景意识（图4-6）。无论是拍摄商业片还是人物采访纪录片，恰当的前景、中景、后景能够增加画面的层次感、空间感，丰富画面信息。

③建立"构图手账"。在日常浏览社交平台时，留心一些经典的电影画面海报、广告海报、摄影作品、绘画作品等，保存至电子设备相册；也可以将日常有感受的场景或其他优秀的图像收集成册，每周或每月整理一次，最后固定一个元素或主体归纳提炼，既锻炼了信息的概括能力，又提升对日常生活细节的捕捉能力。

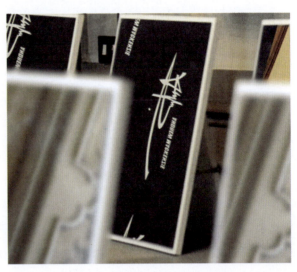

图4-6　某时装品牌后台 Vlog 截图

5.灯光

灯光在视频制作中起着非常重要的作用，它不仅可以照明，还能塑造空间，刻画人物造型，以及传递情绪。

（1）灯光可以引导视线。灯光最基础的作用就是为场景提供足够的光线，确保画面内容清晰可见。灯光照明的运用可以引导观众的视线，突出画面中的重要元素，通过聚光灯或特定的光线投射，使观众的注意力集中在某个特定的对象上，从而使画面的叙事更加有力和明确。在舞台剧、音乐剧（音乐会）、话剧中，灯光往往都是引导观众视线的工具，利用舞台追光，一是照明舞台当中需要强调的部分，二是可以突出正在表演的演员，使其成为观众关注的焦点。

（2）灯光可以用来塑造画面的空间感。例如，电影《卧虎藏龙》的导演利用灯光和阴影的交错，展现出了江湖的广阔和深邃，通过明暗对比，成功地营造出山水之间的层次感和空间感。家居广告中，通过灯光的投射和反射，可以展现房间的大小、布局和氛围。在没有自然光线的室内环境中，灯光的布局和设计能影响人们对空间大小、形状和深度的感知，通过对灯光投射和阴影的运用，可以在视觉上扩大或缩小空间。

（3）灯光可以塑造鲜明的角色形象。电影《教父》开篇中，导演使用顶光刻画了主角维托·唐·柯里昂深邃威严的教父形象。网剧《白夜追凶》最后一集，使用"伦布朗"光位，将关宏峰、关宏宇兄弟二人的性格展现在同一张脸上，用来突出人物的轮廓和特点。在时尚短片或时尚高级定制宣传片中，灯光也十分重要，通过灯光的色温、光位打造出属于这个品牌的气质。品牌宣传片的拍摄中，使用暖色调的灯光可以营造出温馨、亲切的氛围，展现品牌的亲和力和舒适感，展现活力；使用冷色调的灯光可以传达出一种现代、高科技的感觉，强调品牌冷艳的调性。在拍摄服装时，通过光影的对比和层次，还可以突出服装的质感和设计细节，使观众能够更加直观地感受到服装的高级感和独特性。

（4）灯光可以改变场景氛围和情绪。电影《霸王别姬》中，导演通过灯光色温的变化来展现主角情感的变化和时代的变迁。电影《我不是药神》中，导演通过灯光色温和亮度的变化，展现了主角程勇内心的挣扎和转变，这种灯光情绪的运用，使得观众能够更加深入地理解角色的内心世界和情感变化。例如，在一个历史题材的作品中，可能会使用更加古典和柔和的灯光来营造时代感；而在一部现代科幻作品中，则可能会使用更加高科技和动态的照明效果来展现未来感。

6.声音设计

在视频前期筹备过程中，声音是容易被忽视的一个环节。视频声音的构成包括人声（旁白、独白、对白）、音响、音效和音乐，统称为声效。

（1）人声。人声的目的是承担叙述客观事实，交代情节，表达思想，可展示角色内心世界，展示故事背景，让观众更容易理解内容和视频含义。

（2）音响。音响指的是电影声带上除音乐和对白之外的所有声音，它们对于增强电影的现实感、情感表达和叙事节奏至关重要。包括环境音，模拟真实世界中环境的声音（风声、雨声、交通道路声等）；与画面中的动作同步的声音，如脚步声、关门声、物体破碎声等。高质量的音响效果可以使视频中的声音更加接近身临其境的听觉体验，从而提升观众的沉浸感；可以达到情感共鸣，通过精心设计的音响效果，引导观众的情绪反应，加强他们对视频中故事情节产生共鸣；立体声和环绕声音响系统可以模拟真实世界中的声音方向和声音距离，增强视频的空间感；在关键时刻使用特定的音响效果，可以吸引观众的注意力，强调视频中的重要元素。

（3）音效。音效是指由声音制造的效果，通常是以人工制造、数字合成的形式呈现。音效可增强视频的趣味性，吸引观众；不同风格类型的音效可以塑造不同的视频风格，如喜剧音效、悬疑音效等；也可以帮助控制节奏，使其与视频画面的节奏相匹配，控制整个视频的步调和氛围；特色的音效可以成为视频的记忆点，帮助观众记住视频内容的某个精彩瞬间，给观众留下深刻的印象。

（4）音乐。可以调动观众情绪，渲染气氛，增强视频感染力；能够迅速触发观众的情感反应，与画面内容产生共鸣，加深观众的情感体验，并且通过不同风格和节奏的音乐，可以引导观众产生快乐、悲伤、紧张或放松等情绪；在关键的情感场景中使用音乐，可以加深观众对角色情感状态的理解和同情。

（四）器材选择

1.拍摄器材

随着科技的进步，手机拍摄功能日益强大。早期的手机摄影仅能满足基本的拍照需求，而如今，手机已经具备了高像素、高成像质量、多种拍摄模式、专业级图像处理等强大功能。越来越多的商业广告开始使用手机作为摄像机，同时镜头研发部门也在研发可以优化手机拍摄效果的镜头，可以直接外接在手机摄像头部位。

手机拍摄的好处毋庸置疑。首先是方便，在这个"人人都是摄影师，人人都可以导出自己的人生电影"的时代，手机已经成为我们的"第二双眼睛"，拿出手机随时捕捉精彩瞬间，拿出手机即时分享此刻，让朋友们一起感受你的视界。其次，随着手机摄像头技术的不断发展，用户对手机摄影功能的要求越来越高，高像素摄像头和优秀的成像质量成为智能手机设计和制造的关键要素，甚至有些品牌的手机其成像质量可以媲美专业相机，这使得手机摄影在清晰度、色彩还原等方面有了显著提升，达到了一定程度的高像素与成像质量。最后，手机摄影摄像拍摄模式简单，将常用的相机拍摄滤镜、镜头配置、参数直接以"模板"的形式嵌入手机，如全景、夜景、人像、微距、延时摄影、希区柯克变焦等，这一设计极大地降低了摄影摄像的技术门槛，使得更多人能够轻松掌握并享受创作的乐趣。

但手机拍摄还是有一定的缺点。例如，尽管手机像素很高，但由于CMOS尺寸较小，其画质与专业相机相比仍存在一定的差距，特别是在低光环境下，手机摄像头的噪点会明显增加，影响成像质量；手机摄像头的焦段通常较为固定，且变焦能力有限，这使得在拍摄远处景物或进行特写拍摄时，手机可能无法达到理想的效果；成像中出现的畸变与暗部噪点问题也有待进一步的解决；由于手机摄像头的广角镜头设计，拍摄时可能会产生畸变现象，导致画面失真。

大疆无人机具有先进的摄像头技术、图像处理技术以及稳定的飞行控制系统。这些技术的结合使得大疆无人机能够捕捉到高清晰度、色彩鲜艳、细节丰富的航拍画面，为用户带来极致的视觉享受。无论是在电影拍摄、综艺拍摄、城市宣传片、个人Vlog、城市规划、农业监测、医疗等领域，大疆无人机都能够满足用户的不同需求。

在头部直播间短剧拍摄、企业宣传片中仍旧会选择，更高清画质和专业操控的团队，因此专业设备在画质、功能、稳定性和后期处理能力等方面具有更显著的优势，能够更好地满足高端影像制作的需求。具体来说，专业摄影机和相机通常具备更高的分辨率和更广的动态范围，能够捕捉更多的细节和色彩层次，呈现出更加细腻的画面质感。此外，它们还提供了丰富的手动调节功能，如光圈、快门速度、ISO等，使得摄影师能够根据拍摄环境和创作意图进行精确地调整。在稳定性方面，专业设备通常配备先进的防抖系统，能够在手持拍摄时有效减少画面抖动，保证画面的稳定和清晰。对于后期处理，专业摄影机和相机拍摄的原始素材通常具有更高的数据量和更好的色彩深度，为后期制作提供了更大的调整空间和灵活性。这使得制作团队能够在剪辑、调色、特效等方面发挥更多的创意和想象力。

2.灯光设备

在本节中我们为大家提供几个小型拍摄团队可以使用的灯光设备，分别是LED常亮灯、RGB补光灯和环形灯。

LED常亮灯适合小型拍摄团队，轻便、易于携带，并且可以快速设置。对于需要在没有电源插座的户外环境拍摄的团队，可以选择电池供电的LED灯，这类灯光通常设计紧凑，携带方便。

RGB补光灯可以混合出任何颜色的光，为拍摄提供极大的色彩自由度。许多RGB灯预设的光效模式，如闪光灯、呼吸灯、彩色循环等，适用于不同的拍摄场景和效果需求。除了预设光效外，RGB灯通常也支持调整色温，可以根据拍摄环境和创意需求调节灯光的亮度，从暖光到冷光，增加拍摄的灵活性。RGB补光灯设计轻巧，便于携带和移动，并且配备简单直观的控制界面，甚至可以通过智能手机App进行控制，使得灯光设置变得容易。有的RGB灯内置电池，可以在没有电源插座的情况下使用，非常适合户外或移动拍摄。RGB补光灯的应用广泛，如创意时尚短片拍摄、音乐视频、产品展示、营造直播氛围等，通过RGB灯光的颜色变化，可以为视频添加特殊的色彩效果，创造独特的风格和艺术效果。特别是在产品拍摄中，RGB灯光可以用来突出产品特点，通过不同颜色的光强调产品的某些属性，也可以通过色彩变化吸引观众的注意力。在直播时RGB灯光可以作为背景光，营造直播氛围并创造动态和吸引人的背景效果。正因为RGB补光灯的色彩丰富，能够更容易营造氛围，因此在画面情感输出中具有一定的效果，如在讲述故事或表达情感的视频内容中，RGB灯光可以通过不同的光色色温辅助传递情感。我们在选择RGB补光灯时要考虑其兼容性、续航能力、调光范围和附加功能（如App控制、无线同步等）。此外，根据具体的拍摄需求和预算，选择具备所需功能的RGB灯型号。

环形灯便携、可调节亮度。另外，环形灯照明均匀，能使光线从多个角度照射到被摄对象，光线分布均匀，减少阴影，使肤质看起来更加平滑；环形灯有一定的美瞳效果，其光源位于镜头周围，能够在眼睛中产生明亮的反射光，俗称"美瞳效果"，使眼睛看起来更有神采。一般美妆博主拍摄美妆视频时将其作为常用设备，既能够提供理想的光线，展示产品的使用效果和细节，还能有效提高画面质量，改善直播画质。选择环形灯时，应考虑其与相机的兼容性、亮度和色温调节范围、电池寿命（如电池供电的型号）以及是否具备额外功能，如遥控器或App控制等。此外，根据使用场景的不同，可以选择带有支架或夹具的环形灯，以便更好地固定和调整灯光角度。

选择灯光设备时，还应该考虑团队的具体需求，如拍摄环境（室内/室外）、拍摄内容（人物、产品、动作等）、预算限制以及是否需要移动拍摄等因素。同时，考虑购买带有调光功能和色温调节的灯光，以增加拍摄的创意自由度。

3.录音设备

拍摄时要学会使用麦克风，好处有三点。首先，录制的音质出色。专业录音设备通常具备高质量的模拟一数字转换器（ADC）和数字一模拟转换器（DAC），以及低噪声的预放大器和信号处理器。这些技术能够准确捕捉和重现音频信号，使得录制的音频具有更高的分辨率、更低的噪声水平和更清晰的音质。其次，可单独建立音频轨道。专业录音设备通常配备多个输入通道和输出通道，支持多轨录制和混音。这使得用户可以同时录制多个乐器或声源，并进行细致的音频调整和编辑。此外，一些专业录音设备还提供各种信号处理效果，如均衡器、压缩器和混响等，以满足不同的音频处理需求。最后，能适应复杂环境。在一些特殊环境中，如嘈杂的现场或户外环境，专业录音设备通常具有更好的降噪和适应性，能够有效减少环境噪声对录音的干扰，保证音频质量。

麦克风有多种类型，包括动圈麦克风、电容麦克风等。动圈麦克风因其耐用性和对高声压级的承受能力，通常适用于现场音乐和户外活动。电容麦克风则因其灵敏度高和频率响应宽广，更适合录音室和高质量音频录制。可根据拍摄环境和预算，选择适合的麦克风，以捕捉更清晰的声音。

麦克风的选择取决于多种因素，如拍摄环境、录音需求、预算等。这里列举了几种常见的麦克风类型及其适用场景供大家参考选用。

指向性麦克风：对来自特定方向的声音敏感。其中，单指向性话筒直接传感前方的声音，适合在嘈杂环境中捕捉清晰的声音，如街头采访或现场报道。双指向性话筒（也称为8字型）则拾取来自两个方向的声音，适合放在两个对象之间，如两人对话或乐器合奏的场合。枪式麦克风属于指向性麦克风的一种，由于其收音范围集中于前端，能有效减少周围环境音所造成的影响，因此常被用于采访、录音及拍视频收音的场合。领夹式麦克风的特点是轻便、易于携带，可以手持使用，也可以连接外置麦克风采集声音。它通常被佩戴在采访者的衣物上，方便在移动或不便手持麦克风的情况下进行录音。无线麦克风常用于采访和节目录制时的人声收音，它由发射端和接收端组成，可以实现无线传输声音信号，方便采访者在移动中保持声音的清晰录制。此外，监听耳机也是录音时需要准备的。专业团队一般都会使用高质量的监听耳机，可以让录音师实时监控录音效果，确保录音质量。如果现场没有麦克风或者监听耳机，又或者录音质量不高，可以把手机自带的录音软件打开，把手机放在拍摄或讲话者面前，在不干扰画面的情况下可以录音，后期将画面（口型）和声音做匹配即可。

（五）视觉包装规划

总体来说，视觉包装设计元素包含色调、字体和图形。这三点是观众最直接、最快速接触到的信息，它们在很大程度上决定了观众对视频的第一印象和整体感受。设计时，一是做到一致性，使视频形成一致的风格和形象；二是做到突出性，避免与主题无关或过于复杂的设计；三是做到简洁性，避免过于烦琐或复杂的设计，以免分散观众的注意力或降低视频的观感。

在第二节的第五部分视觉包装实际操作中我们将详细讲解。

第二节　拍摄中期

一　开机前的注意事项

首先，要给演员提前提供"剧本＋脚本＋拍摄日程表"，同时给甲方提前提供"剧本＋脚本＋拍摄日程表＋需要甲方准备的道具清单"；其次是对摄像器材的白平衡设置。

白平衡的核心概念是"不管在任何光源下，都能将白色物体还原为白色"，白平衡能够确保产品、环境的颜色在视频中的准确还原。不同的光源会产生不同的色温，进而影响视频中物体的颜色表现，如果没有正确设置白平衡，产品或者环境的颜色可能会出现偏差，导致观众无法准确感知它们的真实色彩。举例来说，在拍摄一款以白色为主的产品时，如果白平衡设置不当，产品可能会呈现出灰色或蓝色的色调，这显然不符合实际情况。所以在产品类视频的拍摄中，通过合理设置白平衡，可以确保产品颜色的准确还原、营造合适的视觉氛围以及提升视频的整体观感。白平衡的设置还能影响视频的整体色调和氛围。对于产品类视频来说，通常希望呈现出一种清晰、明亮、专业的视觉效果，以突出产品的特点和优势。通过调整白平衡，可以营造出更加符合产品特性的氛围，提升视频的整体观感。

二 实地拍摄的顺序与要点

通常情况下，实地拍摄的顺序是先外景、后室内、再演员，这对于确保拍摄效率和质量都起着重要作用。

优先安排外景拍摄是因为外景受到天气和自然光线的影响较大，需要根据剧本中的场景要求，选择合适的时间和地点进行拍摄。同时，外景拍摄往往需要更多的设备和人员调度，因此需要提前做好充分的准备。其次安排室内拍摄是因为相对容易控制，可以在确保外景拍摄不受天气影响的前提下进行。室内拍摄可以根据剧本的连贯性和场景的逻辑顺序来安排，同时考虑场景布置和灯光设置的时间需求。最后根据演员的档期和角色的重要性合理安排演员的拍摄时间，对于关键角色，可能需要集中拍摄他们的镜头，以确保演员能够连续完成表演，避免因时间分散而影响表演的连贯性。

实地拍摄对时间的管理是非常重要的，提前提供剧本（脚本分镜）和拍摄日程表，并逐一沟通，确保所有参与拍摄的人员都能够清楚地了解拍摄计划和时间安排，这有助于提高拍摄效率，避免因时间安排不当而导致延误。尽量安排集中拍摄，对于需要特定场景或演员集中拍摄的部分，应尽量安排在同一时间段完成，这样可以避免多次往返同一拍摄地点，节省演员的出镜时间和减少不必要的资金开支。学会制订备用计划以应对不可预见的情况，如天气变化、设备故障或演员临时变动等，确保拍摄能够顺利进行，即使在遇到问题时也能迅速调整。在实地拍摄时，沟通协调是不能忽视的，加强与场地提供方、演员、摄影师和其他工作人员的沟通协调，确保每个人都能够按时按质完成任务，良好的沟通是确保拍摄顺利进行的关键。

三 补拍的目的与注意事项

补拍是视频制作中常见的部分，面对补拍要摆正心态，很多人对补拍是排斥的，认为没必要或者抱怨之前正式拍摄的时候为什么没有做完。实际拍摄中确实会遇到一些意料之外的挑战，如天气变化或其他不可预见的因素，又如后期剪辑时发现某处如果没有这个镜头会衔接困难，之前没有考虑完全，需要补拍，等等。这就要求制作团队具备高度的专业性和适应性，随时准备应对突发情况。

补拍时应当注意的事项可分为两个层面：一是技术层面，摄像机机位、灯光、道具、场景设计都需要完全还原；二是非技术层面，需要重新召集演员和工作人员，和他们进行沟通，说明补拍理由，再与他们协调时间，确保他们了解补拍的目的和要求。在补拍过程中，导演需要耐心并清晰地传达自己的意图和要求，确保每个镜头都能够达到预期的效果。同时，也需要对演员进行适当的指导，帮助他们恢复到之前的表演状态。

第三节 拍摄后期

当我们拿到拍摄素材后，应该在脑中建立后期流程：文件分类—建立序列时间轴—粗剪—补拍（如需要）—精剪—音乐—字幕—视觉包装—调色—导出。将这样的后期流程重复操作几个回合之后，形成"肌肉记忆"，规范流程后事半功倍。

一　素材文件分类

在剧组中会设一个专门的职位，叫数据管理员，基础工作是负责现场拍摄素材的导卡备份，简单说就是及时把每一台摄像机里拍摄的素材从内存卡导出拷贝到备份硬盘中，过程中需要核对文件数量及大小。看起来是很简单的工作，但如果拍摄素材量大，必须保管好每一份素材并交付给剪辑助理，否则一旦丢失造成重拍，所有的成本费用都会因此而加倍，甚至更多。

（一）文件保存命名格式

我们常常会看见不知其所以然的工程文件、视频文件格式，如"1-1-1""dj-hisankayjs-04"等。规范文件的命名格式可以提高工作效率，如以"作品名称–日期–第n次修改版"或"作品名称–日期–调色版""作品名称–日期–混音版"命名，如果有多名剪辑师剪辑视频可以"作品名称–姓名–日期–第n版"。

（二）拍摄素材笔记

第一次拍摄结束时及时查看素材，在计算机上做文件夹分类素材，素材文件夹可包括A机位、B机位、空镜、旁白、人物、特效素材等。另外，拍摄的素材即使没有影视剧那么多、机位相对较少，也应该按照行业规范操作。

审核拍摄素材的过程中可以结合场记本做素材笔记，素材笔记内容包括：发现重要场次的素材、出现问题及时记录、缺少内容提示补拍；对时间与场景描述，可记录每个素材的开始和结束时间，或从哪个时间点为"OK"条，这有助于快速定位到需要的片段；对拍摄内容与目的做简要描述，如是为了展示某个特定动作、表情，还是为了捕捉某个环境的氛围等；注明该素材是由哪个机位拍摄的，以及相机的拍摄角度，这有助于在剪辑时考虑不同角度和视点的切换；评估素材中的音频质量，包括对话、环境音、背景音乐等，如果有问题或需要特殊处理的地方，可以记录下来；对于一些需要大量特效的视频素材也需要做标记，以便后期制作时参考。

二　剪辑

（一）剪辑的逻辑

在正式剪辑之前，需要厘清一个思路，剪辑好比是在写作文，粗剪是"缩写"，精剪是"扩写"。首先要在剪辑软件（此处以Adobe Premiere为例）建立一个序列（图4-7），然后建立一个时间轴（图4-8）。

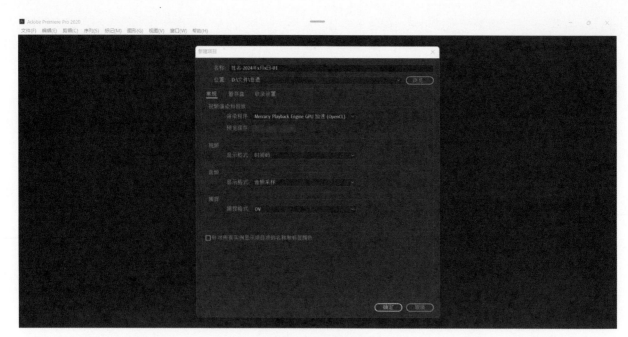

图4-7　建立序列

图4-8　建立时间轴

1. 粗剪

粗剪阶段的"缩写"可以理解为我们需要先在时间轴上大致地排列出我们要讲的故事,也就是根据分镜头先把素材按顺序拼接在一起,先不要纠结具体哪里要、哪里不要。这一步骤类似于写作中的提纲,这就要求剪辑师对素材有深入的了解,才能快速搭建好"大纲",建立一个连贯的叙事框架,确保故事的基本结构和逻辑顺序得到体现。

2. 精剪

进入精剪阶段,并不是将拍到的"ok"条拼接在一起就是最终成片,成片是多次的精剪成果。精剪过程中需要考虑剪辑点、剪辑流畅的法则和蒙太奇的使用。详细来讲就是需要对粗剪的版本进行细化和优化,这就像是在"扩写"文章,将故事的每一个情绪细节、行动速度、氛围和情感都丰富起来。在这个阶段,需要更加注重一个镜头到底需要在什么时候剪掉,什么时候进入下一个镜头;镜头与镜头之间的、场次与场次之间的转场过渡效果;节奏控制,包括画面节奏、音乐节奏和画面与音乐组合的节奏;音效出现的具体帧以及音量的把控;字幕时长等的细节微调。精剪不仅是对镜头进行剪切和组合,更是对故事情感的升华和视觉冲击力的增强。我们需要做到基于故事内容、情绪氛围风格,确保剪辑方向与导演的创意意图保持一致,通过调整镜头的顺序、时长,甚至重新组合不同的镜头来增强节奏和情感层次。

此外,精剪时还需要考虑到观众的观影体验,如字幕的出现时间,如何保障观众能够读到字幕,不会因为瞬间出现或消失而让观众感觉到疑惑。精剪是一个不断打磨和完善的过程,它要求剪辑师具备敏锐的感知力和对细节的严格把控能力,最终使影片或视频达到其最佳的叙事效果和情感表达。

(二)剪辑点的类型

剪辑点是指两个镜头之间的转换点,也就是决定使用"剃刀"工具的部分。在合适的点剪掉后续镜头,衔接下一个镜头,对于维持故事内容的叙事连贯性、节奏和情感张力都至关重要。剪辑点的处理会直接影响观众的观影体验、情绪引导,最重要的是对故事的理解和信息的接收。

1. 动作剪辑点

根据人物动作或物体运动来选择剪辑点,如人物从行走转换为坐下,或物体从一个位置移动到另一个位置。这类剪辑点有助于保持动作的连贯性和视觉的流畅性。

例如,在运动类型产品中,某款新运动鞋广告,通过滑滑板这个动作展示运动鞋。

第一,要确定视频整体节奏要快这个基调,然后要保证广告视频中的运动是流畅的,那么我们需要做的第一件事情是,找到滑滑板这个动作的起点、顶点和落点,在这三点上剪辑可以避免画面中的不自然跳跃,使得视觉过渡更加平滑。第二,优化。选择能够最佳展示运动鞋性能和穿着者动态的瞬间作为剪辑点,根据视频基调可剪辑成起点—加速滑上坡的第一秒,顶点—滑板和鞋子在空中并使用慢动作拉长时间展示运动鞋的画面,落点—滑板落地惯性加速滑出画面。这样的剪辑可以保证鞋的样貌(颜色、款式、Logo等)清晰展现,也能体现出视觉流畅和风格节奏。

2. 情绪剪辑点

在短剧题材中常常会有这样的镜头:男女主角确定恋爱关系或决定分手时,都会把男女主角看向彼此的画面时间拉长，或者使用慢镜头来展示此刻甜蜜或痛苦的情绪，这样做是为了让观众更深入地体验角色里的世界。如果将男女主确定恋爱关系或决定分手时，这些台词说完就切走进行下一场戏或者直接进入片尾，观众被剧情和演员调动起来的情绪是没有办法安放的，观众会觉得自己的情绪不被在意，也会觉得这部剧没意思。因此，在剪辑这种抒情画面的时候需要注意"留白"，需要有几秒的时间让观众哭个痛快或笑个痛快。同样的，在商业广告和宣传片中，观众也需要在接收到核心信息（如产品卖点、品牌理念、情感触动点）后，有一个短暂的情绪沉淀和共鸣空间。例如，展示产品带来的极致愉悦瞬间（如喝饮料后的畅爽、使用护肤品后焕发的光彩）、呈现温馨感人的家庭团聚场景、突出令人震撼的视觉效果，剪辑点不宜立刻切换或进入硬广信息（如促销信息、Logo特写）。需要让关键的情绪画面（如主人公享受的表情、感动的泪水、震撼的场景）停留片刻，或者使用慢镜头强化这个情感高峰时刻。这短暂的"留白"时间，允许观众消化广告传递的情感，将产品或品牌与这种正面情绪（愉悦、感动、向往、震撼）更深刻地联系起来，从而在潜意识中完成品牌好感度的建立或购买冲动的激发。仓促切走或者结束会打断这种情感联结的建立，让广告效果大打折扣。

3.音乐节奏剪辑点

混剪视频成为互联网流行趋势后，那些能够引发强烈情感反应的"燃"视频受到了广大网友的喜爱。从专业角度分析，这类视频之所以能够产生强烈的吸引力，不仅是剪辑师在视觉上选择了具有冲击力的画面，更在于他们把视觉、听觉做出了互相匹配的节奏感，从而激发了观众的情绪，特别是通过音乐节奏的运用，即卡点剪辑。

音乐中常以鼓点、贝斯、小号或其他乐器的节奏、旋律作为节奏元素，都能够有效地引导观众的情感和心理状态，当这些节奏元素与视频中的视觉内容紧密结合时，它们能够创造出一种强烈的同步感和动感，使观众在观看过程中产生共鸣。例如，在一个展示极限运动的宣传视频中，剪辑师可能会选择在音乐的高潮部分，如强烈的鼓点或激昂的电吉他旋律中，插入运动员完成高难度动作的镜头。这种卡点剪辑不仅在视觉上给人以震撼，更在听觉上与音乐的节奏形成完美的配合，从而在观众心中产生一种"燃"的情绪。又如，当我们要制作某企业的宣传视频时，企业提供的图片或视频素材不理想，这时候我们需要找一个有激情的背景音乐，并找到这个背景音乐的节奏元素，贴合节奏元素进行画面或视频的切换，会弥补很多原本素材不够精彩的缺憾。

当使用剪映软件剪辑的时候，可以借助软件自动生成的"节拍"找到音乐节奏点。具体操作：在剪映音乐模块中有一个智能选择"节拍"，左侧有"自动踩点"（图4-9），开启之后便会有黄色的点，画面可在黄色点的位置上做切换。

在Adobe Premiere软件中也可以找到音乐节奏点，Adobe Premiere界面上的时间轴中都有s_1s_2（s指sound，s_1指声音轨道1，s_2指声音轨

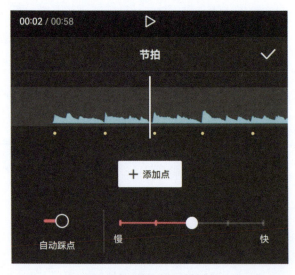

图4-9 剪映的"自动踩点"

道2），这是音轨。在Adobe Premiere中把鼠标放在s_1s_2的图标上，同时滚动鼠标滚轮，将会看见音轨变大，可清晰地看见每一个音的长短，看见有规律出现的高音，便是节奏元素，可在高音部分进行画面剪辑。

值得注意的是，在实际操作中，即便找到节奏元素，依旧会在多个潜在的剪辑点之间进行尝试和比较，通过预览和反复调整寻找最佳的剪辑效果。通过在音乐节奏的节点上进行剪辑，视频的节奏与音乐的节奏相呼应，共同构建一种氛围。因此，我们从海量音乐素材库中就要找到更加具有节奏感的音乐，这就需要我们具备对音乐节奏的敏感度。通过卡点剪辑不仅能够实现视觉和听觉的协调一致，还能够规避原本素材不理想的问题。

卡点剪辑除了在混剪视频中运用，还适合用于节奏感强烈的短视频制作，如广告、宣传片或热场视频，它们需要在短时间内吸引观众的注意力并传达核心信息。

（三）剪辑流畅的法则

（1）保持动作连贯性。确保人物动作、物体运动和场景转换在剪辑中保持连贯。

（2）视听节奏同步。根据背景音乐的节奏来调整剪辑的节奏，可增强视频的动感和吸引力。

（3）合理使用过渡效果。适当使用特效过渡效果，如溶解、擦除、推拉等，可以帮助镜头之间更自然地过渡。要记住两点，一是避免特效过度使用，二是不使用"ppt式动画"效果做转场。

（4）保持视觉连贯性。保持色彩、光线和视觉风格在剪辑中的一致性，避免在相邻镜头中出现剧烈的视觉变化，以免打破观众的沉浸感。

（5）要有逻辑顺序。一是故事逻辑，遵循故事的逻辑顺序和时间线，即使是非线性叙事，也要确保观众能够理解表达的信息和关系；二是视觉逻辑，景别由小到大或由大到小，即全—中—特—中—全。

（四）蒙太奇

剪辑是将片段或镜头拼接在一起不产生新含义，可以理解为A+B=AB。

蒙太奇的原理来源于库里肖夫实验。图4-10中的这个男人对应了三个不同的画面，拼接在一起便会有其他的含义。第一排男人看见棺材里躺着一个女人可以理解为男人思念女人；第二排男人看见食物可以理解为想要吃饭；第三排男人看见一个躺在沙发上的女人可以理解为欲望。

库里肖夫实验结论是把不同内容或不同景别的镜头组接在一起形成新的含义。可以理解为A（库里肖夫实验中的男人正在看）+B（库里肖夫实验中的其他画面内容）=C（三组图理解出不一样的内容）。

根据"A+B=AB"和"A+B=C"的结果可以

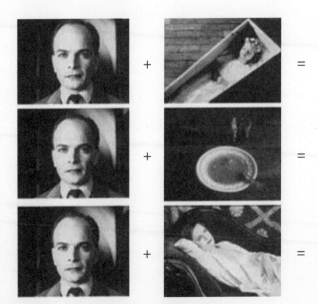

图4-10　库里肖夫实验

总结蒙太奇的作用。一是吸引观众注意力，激发联想。二是，通过不同镜头景别的组接形成特有的视听节奏，独特的时间和空间体验。接下来我们将从蒙太奇的叙事功能、蒙太奇的转场功能以及蒙太奇的声音效果。

1.蒙太奇的叙事功能

以常用的叙事蒙太奇和表现蒙太奇作为课程的核心讲解内容。

（1）叙事蒙太奇。叙事蒙太奇是电影、电视剧、广告、长短视频常用的剪辑技术，通过将不同的镜头和场景有组织地剪接在一起，用视觉画面构建故事情节、展现人物关系、传达情感与主题，最终形成连贯且富有张力的叙事结构，创造出新的意义和情感。目的是增强叙事的连贯性，还能够引导观众的情感和思考。叙事蒙太奇包括平行蒙太奇、交叉蒙太奇、重复蒙太奇、匹配蒙太奇。

①平行蒙太奇是将两个或多个同时发生的事件交替展示，这些事件在时间和空间上是独立的，但在剪辑中并行发展。其目的是通过并行展示不同的情节线索，建立不同事件之间的对比或相似性，增强叙事的张力和复杂性，同时展现多个角度的故事发展。

②交叉蒙太奇通过快速交替剪辑两个或多个紧密相关或相互影响的事件，创造出紧张感和紧迫感。其目的在于加强事件之间的联系，通过时间的压缩和节奏的加快，提高叙事的戏剧张力。

③重复蒙太奇通过在影片中多次重复特定的镜头、动作或场景，强调某一主题或情感。其目的在于加深观众对某一概念或情感的印象，通过重复来强化信息的传递，使特定的视觉或情感元素在观众心中留下深刻印象。

④匹配蒙太奇通过对画面内容和镜头运动的筛选，进行相同元素、相同形状、相同运动轨迹、相同方向的重新组合和编辑，将不同的场景或情节巧妙地结合在一起。旨在保持叙事的连贯性，以此产生特定的情感、氛围或意义，它"缝合"了镜头之间、场次之间的内在联系和呼应关系，引导观众的注意力，传递深刻的思想和情感。主要类型有相似匹配、动作匹配、视线匹配。为了帮助读者更好地记忆和应用这些技巧，我们分别为它们总结了易于记忆的"口令"形式。

a.相似匹配"口令"：圆接圆方接方。例如，Vlog拍摄中，镜头一手中的圆形物体（篮球）可以直接过渡到镜头二的另一个圆形物体（钟表）。

b.动作匹配"口令"：瞬移。例如，镜头一拍摄A场景开门完整动作，剪辑中选择在手开门的瞬间，后面剪掉；镜头二拍摄B场景开门走出去的完整动作，剪辑中选择手开门走出去进入B场景，前面剪掉，这样镜头一、镜头二结合起来就能做到瞬移的效果。

c.视线匹配"口令"：我望向你你跟随我。例如，在对话场景中，角色的视线方向应保持一致。如果一个角色在看向镜头的左侧，下一个镜头中应展示该方向的内容，以保持对话的连贯性。

（2）表现蒙太奇。表现蒙太奇也被称为心理蒙太奇，旨在通过非线性的剪辑手法抵达并传达角色的内心世界、情感状态，将情感外化或者说是视觉化。它通常不依赖于传统的叙事逻辑，而是通过视觉和听觉元素的组合来创造特定的情感或主题。表现蒙太奇可以进一步细分为抒情蒙太奇、心理蒙太奇和隐喻蒙太奇。

①抒情蒙太奇通过画面和音乐的和谐结合来表达情感或营造氛围。这种蒙太奇不侧重于讲述具体的故

事，没有太多的叙事任务，而是通过视觉和声音的节奏来唤起观众的情感共鸣。例如，在Vlog或者宣传片中，通过展示自然风光、城市生活或人物的日常生活片段，特别是特写逆光拍摄树叶，全景鸟群在天空飞翔，中景夕阳下粉红色的天空，中景人们走在街道上洋溢着快乐的笑容等，再配以抒情的音乐，来传达一种特定的情感或情绪。

②心理蒙太奇用于展现角色的想法、感受、记忆或者梦境。它通过快速切换不同的画面，创造出角色内心混乱、焦虑或深思的状态。例如，在表现角色回忆过去的镜头中，可以交替展示现实场景和过去的画面，以此来表现角色的心理活动和情感冲突。

③隐喻蒙太奇使用视觉隐喻来传达更深层次的意义或主题，这种手法通过将两个或多个看似无关的图像或场景并置，创造出新的象征意义。其目的是增加视觉表现力，加强情感表现力。例如，在电影中，可以将战争的场景与破碎的玩具、枯萎的花朵交叉剪辑，以此来隐喻战争的残酷和对无辜生命的破坏。

2.蒙太奇的转场功能

转场是指在不同场景、段落或镜头之间的过渡和衔接，见表4-4镜头转场类型表。蒙太奇通过巧妙的剪辑手法，可以实现平滑而自然的转场效果，最常见的就是匹配蒙太奇。在此我们再次重复前文的内容，以加深印象。

匹配蒙太奇的主要类型分为相似匹配、动作匹配、视线匹配。

相似匹配"口令"：圆接圆方接方。

动作匹配"口令"：瞬移。

视线匹配"口令"：我望向你你跟随我。

匹配蒙太奇应用的视频场景有变装视频、旅游Vlog或宣传片、婚礼记录视频、美食制作视频或探店视频、运动类、舞蹈类等。当视频中使用了匹配剪辑的技巧，我们的视频就会增强表现力，提升观赏性，给观众带来视觉惊喜，观众能够在画面与画面的变化中感受到视觉美感与刺激；使用匹配蒙太奇能够让我们在剪辑过程中对素材进行归纳总结，可以准确高效地传达素材信息，因为匹配的元素能够为视频或主题强化信息的表达，使观众能够迅速理解并接受；当视频中使用匹配蒙太奇的时候，视频本身的创意性被提升了，创造出独特而吸引人的视频效果，让视频有差异化，原创性。

表4-4　镜头转场类型表

转场类型		具体展现形式
生硬组	"ppt式动画"转场	棋盘、百叶窗
	硬切	—
技巧组	淡入淡出	淡入淡出、闪白、叠化
	遮挡物	—

续表

转场类型		具体展现形式
技巧组	遮罩转场	—
	匹配剪辑	相似匹配、动作匹配、视线匹配
	分屏	一个屏幕上同时出现两个或两个以上的画面（类似漫画）

3.蒙太奇的声音效果

蒙太奇与声音在影视制作中是一个至关重要的组合，它通过声音元素的巧妙运用来增强视觉蒙太奇的效果，创造出更加丰富和多层次的叙事体验。声音设计不仅包括对话和音乐，还涵盖了声效、环境音和沉默等多种声音元素。

（1）声效同步。日常看到的视频基本都是声效的同步使用，可以增强动作的真实感和冲击力。例如，在电影动作场景中，拳头击打的声音或物体破碎的声音可以与视觉动作紧密匹配，提升观众的沉浸感；在产品视频中在展示一个薄脆食物时，一般都会在眼睛看见食品"断开"的瞬间匹配清脆的音响。

（2）声效不同步。短片《百花深处》讲述了一个老北京人冯先生，在一个大四合院里住了大半辈子，随着城市化进程，四合院早已拆了，但他觉得这四合院还在，得"搬个家"，于是叫了城市里的搬家公司。"在"与"不在"成为故事的矛盾冲突和短片的看点。以冯先生的视角表现"在"，一是通过台词，如"这不在这儿呢""这是我们家的金鱼儿缸"；二是通过音响，画面是搬家工人在模仿搬衣柜的姿势，但并没有物品，音响是吱扭扭的木衣柜的声音，但冯先生肯定地说"我们家的金鱼缸"，此时音响就换成了鱼缸的水在里晃的声音，种种迹象表明冯先生是脑子错乱了。

（3）无声。沉默可以给观众留有思考的空间，在适当的时候使用沉默，可以突出某个重要的视觉元素，或者增加紧张感和期待感。还是以《百花深处》为例，在影片进入"搬家"这个环节的时候，背景音乐选择了单一乐器鼓，鼓点和节奏都很有京味，当搬家公司的人搬错东西的时候，搬家公司的人表情发愣，同时鼓点立刻停止，让观众开始期待冯先生得说什么，当冯先生说完他脑海里想到的物品，鼓点立刻再次响起，搬家人员照着冯先生说的去做，让观众再次觉得有趣且荒谬。

在精剪过程中，声音结合蒙太奇可以增强视觉叙事中的重要性、专业性和创新性。通过实践这些声音技巧，可以提升视频的整体质量，使其更加吸引观众，并有效地传达品牌信息或故事内容。

三 音乐

剪辑中情绪占整个视频元素的51%，而最容易调动情绪的就是音乐，合适的音乐会让观众在观看影片时将故事文案中所储备好的相对应的情绪释放出来，达到情绪叠加的效果，而不合适的音乐会将观众储备好的情绪完全抹杀。何时响起音乐也是剪辑过程中需要不断调整的环节。

四　视听节奏

如果单纯依靠故事或者文案本身的起因、经过、高潮和结果是无法满足观众需求的，因此视频中应当重视视听节奏。而视听节奏的核心依据是以故事或文案的整体风格来确定应当符合什么节奏。例如，以运动产品为主，故事文案整体一定是快节奏的，那么视听节奏也应该是快节奏的，在画面中的人物与产品的运动速度快，景别切换快，镜头停留时间短，音乐节奏快，选择的服装化妆道具色彩是明度偏高、饱和度偏高，这与快的感觉是相辅相成的。

五　视觉包装实际操作

（一）字幕

1.一般字幕

一般旁白、独白、对话的字幕（在视频下方）应当选用容易识别的字体和颜色，如黑体字加白色、黑色描边，目的是让观众没有识别困难。

2.特殊字幕

特殊字幕也就是我们熟知的花字，如"心灵鸡汤""名人名言""划重点"，其目的是引起观众注意，以及丰富画面以增强趣味性。花字字幕的字体和颜色选择原则应与项目的整体风格相吻合。

3.AI字幕

在人工智能科技发展迅猛的今天，我们应该学会使用人工智能类的工具，帮助我们提高工作效能。例如，国产软件剪映，在计算机端和手机端都有着不错的语音识别功能，但要注意的是，语音识别中会出现错别字、识别错误、断句不精准的可能性，因为人物说话可能有口音，特殊词汇或者录音环境有干扰，这些都会导致识别字幕错误，因此需要认真校对。

（二）片头片尾

在长视频制作中，有一个时间节点要出现片名或主题名，一般时长在3～5秒。通常可以在剪辑软件中选择和视频风格相适应的模板，而擅长运用特效技术的同学在关键帧设计时，应当注意运动速度在整个视频风格效果中的呈现。

最后定版字需要设计或者运用容易识别的字体，和视频整体风格相关的字体和颜色，视觉包装是为视频最终呈现效果服务的，因此风格统一是非常重要的事情。

（三）视频色彩

1.套用滤镜

Adobe Premiere和剪映都有一些预设的滤镜可供选择，但要强调的是，视频色彩和照片美图是一个道理，滤镜色彩要根据实际画面情况调整参数。

2.调色

学习调色不仅能够给视频增加更多层次和画面感，而且能够在调色过程中融入自身的创意和审美，还能够帮助观众理解色彩与情感、氛围之间的关系，提高视频整体的质感。在调色过程中，应注意保持调色的整体性和一致性，避免画面中出现过于突兀或不协调的色彩变化，同时，也要根据视频的主题和风格，灵活调整调色方案，以达到最佳的视觉效果。调色设置区域如图4-11~图4-13所示。

图4-11　曲线调色界面——红色调

图4-12　曲线调色界面——蓝色调

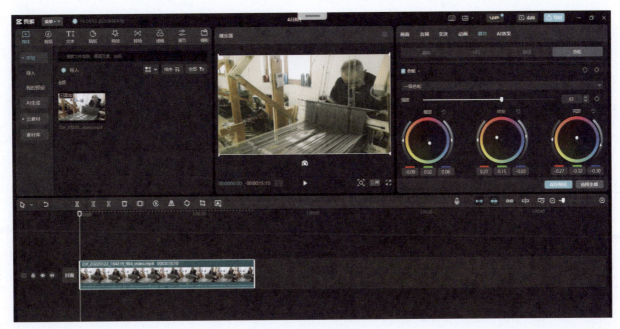

图4-13　剪映色轮调色界面

课后练习

选择2~3个平台，建立账号，确定主题内容，拍摄相关视频，上传平台。

要求：每期视频都需要完整文案、设计分镜（包含视角、声音、画面内容的描述）、拍摄计划表；镜头运动灵活多变，视角多样，具有分镜意识，构图光影得当；需加字幕，背景音乐，保留环境音，可适当调色。

第五章
视频运营与发布

教学内容：

1. 视频账号运营的概念

2. 视频账号运营的重要性

3. 视频发布

4. 平台规则与法律法规

建议课时： 45课时

教学目的： 以抖音、小红书和哔哩哔哩三大平台为例，讲解视频运营账号的基本概念与类型；强调账号运营在提升品牌影响力和用户互动中的重要性；进行基础的视频制作。学会设计规划账号的发布与运营策略

教学方式： 讲授法、演示法、讨论法、任务驱动法

学习目标：

1. 学生能够掌握账号运营的基础知识

2. 学生能够独立或以团队合作的形式创作和发布符合账号定位的视频内容

3. 学生能够运用所学的账号运营策略，制订有效的视频发布计划，提高视频的曝光率和互动率，提升账号的活跃度和影响力

4. 培养学生的创新思维和数据分析能力

本章结合抖音、小红书和哔哩哔哩，三个大家经常使用且具有一定代表性的视频平台，使用"黄金圈法则"来分析视频运营与发布。

第一节　视频账号运营的概念

视频运营是指利用当前流行的视频平台，通过创作具有吸引力和传播价值的长/短视频内容，进行宣传、推广和营销的一系列策略和活动。此过程包括策划与品牌紧密联系的创意内容，组织参与度高的线上互动活动，目的是向目标观众广泛、精准地传递信息，提升平台账号下的自然流量用户和粉丝用户的观看及参与度，增强视频账号影响力和粉丝黏性。通过短视频运营，可以有效地抓住用户的注意力，利用短视频的高传播性和易分享特点，快速扩大账号知名度。同时，通过平台提供的数据和反馈分析用户行为，以此为参照不断优化内容创作和运营策略，以实现更高的用户参与率和更强的市场竞争力，最终达到营销目标，充分利用粉丝经济和社交媒体的影响力。

第二节　视频账号运营的重要性

一　提高曝光率

视频发布之后我们常常会关注抖音、哔哩哔哩的浏览量、小红书的"小眼睛"，因为我们希望精心制作的视频可以被更多人看到，单纯直接的发布内容是不能保证更多的观众看到。因此视频发布前和视频发布时我们要具有运营思维，目的就是提高曝光率，吸引新观众，从而扩大整体的观众基础。在高曝光率之下才能促进内容传播，高曝光率的内容更容易被观众分享，从而实现口碑传播，这种自发的分享行为能够有效地将视频推广到更广泛的社交网络中，进一步扩大视频的影响力。

二　增强粉丝黏性

运营可以通过策划互动性强的活动，如评论互动、投票活动、线下互动挑战等，来提高粉丝的参与度，从而增加粉丝对视频内容的投入和对品牌的忠诚度。这种方式也是一种吸引自然流量的方法，让普通观众想要参与到你的账号活动。

三　帮助优化内容

平台利用大数据技术，为账号提供定期的数据报告，包括日、月、年度的时间尺度，涵盖粉丝画像、跳出率、用户留存、阅读来源等多维度信息，通过深入分析这些数据，可以精准把握账号内容的受众定位，并评估内容的吸引力和用户参与度。这种基于数据分析的运营模式极具效率，它不仅指导内容创作者识别并创作受众喜爱的内容，还能评估和优化推广策略，实现内容创作与运营策略的持续改进和精准调整，从而达到账号内容更加个性化。

提高曝光率、增强粉丝黏性以及帮助优化内容，是无论普通个人账号还是官方账号（产品）都需追求的基础运营目标。然而，对于官方账号（产品）而言，仅仅实现这些基础目标是不够的，还需实现追求扩大品牌影响力、提高变现能力这两大更高层次的目标。

四 扩大品牌影响力

通过前期策划和中期视频持续发布等更多的运营活动，可以逐步建立起视频内容的品牌影响力，要做到从"认识你"到"喜欢你""信任你"，甚至"依赖你"，目标是在相关领域或行业中占有一席之地，吸引更多潜在的"粉丝"，加深现有粉丝对品牌或产品的认知和信任。当视频内容在某一领域或行业中有了足够的曝光度时，它有可能成为用户心目中下意识会想到的品牌或产品，进入"一传十，十传百"的阶段，品牌或产品便可能引领行业潮流。

五 提高变现能力

运营不仅是一个推广和互动的过程，更是一个实时反馈和调整的循环。运营过程中，在"帮助优化内容"的基础上，根据数据反馈的变化调整运营策略，如调整推广渠道、优化互动方式、增加用户参与感等，以更有效地吸引和留住目标受众。粉丝数是视频内容影响力的直观体现，而成交率则是衡量视频内容商业价值的关键指标，提高视频内容的转化效率，从而实现从流量到商业价值的转变。

第三节　视频发布

一 了解平台受众特点

以抖音、小红书和哔哩哔哩三大平台的特点与用户群体为例。

抖音是一个以短视频为主的社交媒体平台，用户群体年轻化，以竖屏图、竖屏短视频为主，内容多样化，注重娱乐性和创意性。抖音不仅是一个娱乐平台，它还具有强大的社交功能，用户可以通过点赞、评论和分享与他人互动，建立属于自己的社交网络。

小红书是以分享生活方式为主的社交电商平台，用户群体以年轻女性居多，以图、视频为主，内容涵盖美妆、时尚、美食、旅行、产品等多个领域。

哔哩哔哩是集视频分享、直播、社区交流为一体的综合性内容平台。以其独特的弹幕文化和高质量的原创内容受到年轻用户的喜爱。用户群体以年轻人和学生为主，横屏长视频，内容多元化，包括动漫、游戏、科技、知识等，常被年轻人称为"B站大学"。

不难看出，这三个平台侧重不同，受众人群、垂直领域共同构成了目前国内社交媒体的多元化面貌。因此，发布视频时要筛选属于自己的受众群体，"量体裁衣"，精准对位，视频才能达到良好的播放量。

二 \ 了解平台活动发布策略

发布策略包括定期发布、利用平台算法优化曝光、与其他创作者或品牌合作等。其中比较容易操作的是利用平台推荐活动来提升曝光率，如小红书可以通过"创作灵感"来发布笔记，还可以根据前期笔记发布后获得平台赠送的"曝光奖励"增加笔记曝光量。

三 \ 了解平台发布时机定制发布频率

了解各平台用户的活跃时间并据此安排发布时机，可以增加视频的曝光率。例如，抖音用户在晚上和周末更为活跃，而哔哩哔哩用户可能在下午和周末有更多的在线时间。小红书平台每2小时都有不同的主题适合在各时段发布，7:00~9:00适合技能类，9:00~10:00适合母婴类，21:00~23:00适合情感类等。

保持一定的发布频率对于维持用户关注度和活跃度至关重要，可以根据内容的生产能力和用户的接受程度来确定一个合适的发布频率。同时，需要避免过度发布，以免造成用户疲劳或者信息过载。过多的内容可能会让用户感到压力，从而选择忽略或者取消关注。发布频率也需要根据内容类型和质量来调整。例如，高质量的深度内容可能需要更长的制作周期，而较为轻松的日常内容则可以更频繁地发布。另外，可以利用平台提供的分析工具来监测不同发布频率下的用户反馈和互动情况，据此调整发布计划。

我们要综合考虑发布时机、发布频率、内容多样性和用户反馈，这样就可以制订出更加科学和有效的社交媒体内容发布策略。

四 \ 利用数据分析优化视频内容

数据分析是指根据定期的数据报告结合所学专业深入分析，以下以抖音为例，帮助读者更好地理解如何利用数据分析优化视频。

（1）定期数据报告中会涵盖视频的播放量、点赞数、评论数、分享数、观看时长、完播率、跳出率等，每个指标都能提供关于视频表现的不同维度的信息。通过对这些数据指标的分析，可以更好地理解自己的内容表现，发现优势和不足，从而调整内容策略和优化发布计划。如果发现某个视频的观看时长较短，可以考虑改进视频的开头以吸引观众或者调整视频时长；如果分享数较低，可能需要通过更具吸引力的标题和封面来提高分享意愿，或在视频内容中或评论区提出互动问题，引发粉丝观众讨论或转发。

（2）要从不同的角度对数据进行深入分析。

①从视频内容角度，对比不同视频的数据表现，分析哪些主题、风格、格式或呈现方式更能吸引观众。可以比较同一主题下不同视频的播放量和互动数，找出最具吸引力的元素；还可以分析视频语序、配乐、剪辑节奏、画面信息等因素对观众反应的影响。如果觉得只分析自己的账号不够具有说服力，可以再次与对标账号进行分析，专业网站上对标账号的基本数据是公开透明的，可以分析他们的数据表现，了解其流量好的原因和策略。还有一个较为科学的方法来分析视频内容，对于某些不确定的因素，如视频标题、封面设计等，可以采用"A/B测试"的方法，发布不同版本的视频，观察哪个版本的表现更好。

②从用户画像的角度剖析数据，了解目标受众的年龄、性别分布以及他们的活跃时间等信息数据，可以更好地定位内容，使其更符合用户的兴趣和需求。例如，视频内容偏青春主题，预想粉丝画像年龄应该是女性，18~23岁，但平台推送的后台数据为35~40岁男性，这就证明视频不是18~23岁女性喜欢的内容，需要及时做出调整。对观众的互动行为包括点赞、收藏、评论、分享，要不断地通过后台数据观察和分析，这些行为反映了观众对内容的喜好。高互动率通常意味着内容与观众产生了共鸣，而低互动率可能表明内容未能触及观众的兴趣点。通过分析评论内容，可以了解观众的具体意见和建议，为改进内容提供方向，当然还可以通过评论区的互动来确定未来的视频内容。

③从发布时间的数据中分析出不同时间发布的视频反馈的数据是不一样的，要根据数据找出最佳发布时间。某些时间段可能因为用户活跃度高而带来更高的观看量和互动率。通过调整发布时间，可以将内容的曝光和互动最大化。同时，关注平台上的热门话题和流行趋势，分析这些趋势对你的内容表现有何影响，及时把握和利用热门话题，从而提高内容的时效性和吸引力。

从以上三个角度深入分析数据之后，还要定期回顾。每个平台上的内容趋势和观众喜好可能会随着时间的推移而发生变化，因此需要持续关注，并根据新的数据调整内容策略。适应平台算法是视频内容运营中的关键环节，因为大多数视频分享平台都依赖于复杂的推荐算法来决定哪些内容能够出现在用户的推荐列表或信息流中。这些算法通常会根据用户的行为、偏好、互动等多种因素来优化内容的展示，以提升用户体验并增加用户在平台上的停留时间。通过深入理解和适应这些算法，视频运营者可以采取一系列策略来提升视频内容的可见性和吸引力，从而提高视频的自然流量。

第四节　平台规则与法律法规

遵守平台规则与法律法规是每个社交媒体用户和内容创作者必须坚守的基本原则，这不仅有助于维护网络环境的健康和秩序，也是保障个人权益和社会责任的重要体现。通过遵守平台规则与法律法规，我们可以共同营造一个健康、积极、有序的网络环境，为自己和他人创造更好的社交媒体体验。同时，这也是每个网民应尽的社会责任。

一 个人层面

（一）了解并遵守平台规则

每个社交媒体平台都有自己的使用规则和社区指南，用户和创作者应当仔细阅读并理解这些规则，确保自己的行为和发布的内容符合平台的要求。

（二）了解并尊重知识产权

在创作和分享内容时，应当尊重他人的知识产权，包括但不限于版权、商标权、专利权等，不盗用他人的作品，如需引用或转载，应事先获得授权，并注明出处。

（三）注意保护个人隐私

不泄露自己或他人的个人隐私信息，如证件号码、家庭住址、电话等。同时，也要注意保护自己的账号安全。

二 社会层面

（一）传播正能量

积极传播正能量，发布有益于社会发展、有助于人们身心健康的内容。避免发布和传播虚假信息、网络谣言等有害信息，如发现平台中存在此类信息内容应合情合理地举报。在社交媒体上与人互动时，应保持文明礼貌，尊重他人观点，避免发表攻击性、歧视性言论，对于网络暴力、人身攻击等不良行为，应予以抵制并及时举报。

（二）遵守法律法规

在发布内容和进行社交互动时，要遵守国家法律法规，不发布违法违规信息，不参与非法活动。例如，不得发布涉及国家安全、社会稳定等敏感话题的内容。要关注法律法规动态，用户和创作者应关注相关法律法规的变化，规范自己的行为，确保始终在合法合规的框架内进行社交活动。

课后练习

1. 在抖音平台选取同赛道，粉丝10万以上的账号5~10个作为对标账号，分析其运营策略及人群画像并总结。

2. 在小红书平台选取同赛道，粉丝1万以上的账号5~10个作为对标账号，分析其运营策略及人群画像并总结。

3. 在哔哩哔哩平台选取同赛道，粉丝10万以上的账号5~10个作为对标账号，分析其运营策略及人群画像并总结。

第六章
数据分析与评估

教学内容：

1. 前期调研

2. 中期分析

3. 后期复盘

建议课时： 30课时

教学目的： 使学生了解数据分析与评估的重要

性及数据分析的基础方法

教学方式： 讲授法、讨论法、演示法、案例分

析法、任务驱动法

学习目标：

1. 了解数据分析的重要性

2. 能够对账号进行简单的数据分析

3. 能够根据数据分析对账号进行适当规划

数据分析与评估在短视频营销中扮演着至关重要的角色。通过系统性地收集、处理、分析各类数据，我们可以洞察视频传播效果、受众反馈、互动情况以及转化效果等关键信息，为优化内容策略、调整受众触达方式提供依据，进而实现营销效果的最大化。本章主要介绍数据分析与评估指南，帮助你更好地开展短视频数据分析工作。

第一节　确定分析目标与指标

一　视频传播效果评估

评估短视频的传播效果是数据分析的首要目标之一。我们需要关注视频的播放量、点赞量、转发量、评论量等关键指标，综合评判视频的受欢迎程度和影响力。同时，也要深入分析视频在不同平台、不同受众群体中的传播情况，识别传播的重点区域和受众群体，为后续的推广策略优化提供参考。

二　受众反馈与互动分析

受众的反馈和互动数据蕴藏着丰富的洞见。通过分析受众对视频内容的评论、弹幕等反馈信息，我们可以把握受众的真实想法、情感倾向，发现他们的痛点和需求。此外，还需要关注受众的互动行为，如点赞、收藏、分享等，这些行为往往代表着受众对内容的认可和兴趣。互动数据的分析有助于我们优化视频内容，提升受众的参与度和忠诚度。

三　转化率与投资回报率核算

对于带有营销目的的短视频，转化率和投资回报率（ROI）是衡量其效果的关键指标。我们需要追踪视频引导的落地页访问量、注册量、购买量等转化数据，计算转化率，评估视频对销售或其他目标的贡献值。同时，还要综合考虑视频制作、推广等各项成本投入，核算ROI，以便合理配置营销预算，优化资源分配。

第二节　数据采集与处理

一　平台数据的获取与整合

不同的短视频平台提供了各自的数据统计方式，如抖音的抖音指数、快手的快手指数等。我们需要充分利用平台提供的数据接口和工具，定期抓取和导出视频数据。对于多平台发布的情况，还需要将不同平台的数据进行整合，构建一套完整的数据集。整合时需要注意不同平台指标口径的差异，进行必要的数据标准化处理。

二、第三方数据分析工具的使用

除了平台自带的分析工具，我们还可以借助第三方数据分析工具来获取更全面、专业的数据分析服务。例如，巨量星图、新榜等工具（表6-1）可以提供跨平台的短视频数据采集与分析功能，帮助我们追踪竞争对手的数据表现，进行行业基准对比等。结合使用平台工具和第三方工具，可以为我们提供更加立体、多元的数据视角。

表6-1 新媒体运营数据分析工具

平台	工具	简介
抖音	巨量星图	抖音官方平台：针对视频、图文等创意生产环节提供制作服务，同时支持账号托管、创意全案等营销服务
	新科	新榜旗下的抖音短视频＆直播电商数据工具，提供抖音热门创意素材，抖音号、MCN机构排行查找，直播带货等
	轻抖	集抖音带货变现、数据分析、内容创作于一身的数据服务工具，实时监测爆款产品、追踪流量、提供热门素材等
	抖查查	专注于短视频和直播数据挖掘和分析，提供直播间横向和纵向的直播数据，帮助获取、分析、对比数据
	卡思数据	国内权威的视频全网数据开发平台，依托专业的数据挖掘与分析能力，提供全方位的数据查询、趋势分析、舆情分析、用户画像、视频监测、数据研究等服务
快手	磁力聚星	快手官方认证的生态营销平台，通过链接客户与快手达人，为其提供便捷的商业服务，在满足客户全方位营销需求的同时，助力达人内容商业化变现
	新快	新榜旗下的快手数据平台，提供直播带货、视频创意、场景工具、多维榜单以及热卖商品等功能
	灰豚数据	短视频＆直播数据分析平台，提供多维度主播监测分析，直播间带货商品详细数据，各类榜单数据、竞品数据、品牌数据等
小红书	蒲公英	小红书官方推出的优质创作者商业服务平台，博主与品牌方的合作都在此完成，提供数据洞察、分析功能
	新红	新榜旗下的小红书数据分析平台，不仅提供小红书的红人榜单和爆款笔记排名，品牌、话题等也可搜索
	千瓜	分析匹配优质达人，追踪热门内容趋势，高效转化私域流量，监控行业品类动态，优化运营投放策略
	蝉妈妈	小红书数据分析服务平台，致力于帮助国内众多的达人、机构、品牌主和商家通过大数据精准营销
视频号	新视	新榜旗下的视频号数据分析平台，提供权威的视频号垂直类榜单，视频号动态搜索查找、热门话题、优质脚本等全面数据服务
	友望数据	专业的视频号数据分析平台，提供各垂直类视频号榜单、视频号博主查找、爆款视频与话题等
哔哩哔哩	新站	新榜旗下的哔哩哔哩数据工具，提供包含UP主、素材、活动、推广、品牌等多维度数据
	火烧云	提供哔哩哔哩、小红书数据等，为广告主提供作品内容数据分析、粉丝数据分析、广告价值评估等。
	飞瓜	飞瓜数据是短视频直播领域权威的数据分析平台，提供抖音数据、快手数据、哔哩哔哩数据等数智分析功能，包括抖音、快手、哔哩哔哩的热门视频、达人＆短视频＆直播排行榜、带货电商数据、视频监控、商品监控等
公众号	新榜	可看到各领域公众号榜单、热文，搜索某个公众号，即可看到基本数据情况，以及近7天文章速览等
	西瓜数据	支持实时监测公众号，一键生成监测和诊断报告，是公众号运营及广告投放效果监控的工具
	爱微帮	可以了解和跟踪用户的访问行为和阅读统计，还可以分析公众号同行和广告主的系列数据

续表

平台	工具	简介
公众号	清博指数	根据清博自主创建的WCI指数，基于微信公众号的阅读量、点赞数等多个数据维度，综合考量的微信公众号传播指标
	微信指数	微信官方提供的基于微信大数据分析的移动端指数。其主要作业是热词捕捉、舆情动向监测和助力精准营销
微博	微播易	数据驱动的短视频KOL交易平台。提供一站式KOL资源采买服务、社交大数据服务、社媒传播策略服务
	微指数	主要由热词指数和影响力指数两大模块构成，以此反映微博舆情或账号的发展趋势
	WEIQ	基于大数据技术向内容创业者与企业提供在线红人宣销服务的撮合与交易，将企业与红人建立连接

三 数据清洗与结构化

采集到的原始数据往往存在一些异常值，需要进行必要的数据清洗和预处理。对于一些明显异常的数据点，如播放量突然暴增等，需要分析原因，排除水军刷量等行为的干扰。同时，还需要对数据进行结构化处理，设计合理的数据字段和格式，方便后续的分析工作。常见的数据结构化方式包括建立关系型数据库、设计数据仓库等。

第三节 受众画像分析

一 人口统计属性分析

受众画像分析是深入理解受众特征的重要方法（图6-1）。我们需要分析视频受众的人口统计属性，如

图6-1 哔哩哔哩受众画像分析❶

❶ 蓝狮问道：Bilibili受众画像分析。

性别、年龄、地域分布等基本特征。通过这些分析，把握视频受众的基本轮廓，判断受众是否与目标人群吻合，调整受众定位策略。一些平台工具和第三方工具可以直接提供受众的人口统计属性数据，帮助我们快速开展分析。

二 兴趣爱好标签分析

除了人口统计属性，受众的兴趣爱好也是需要重点关注的维度。通过分析受众观看、互动过的视频内容，总结他们感兴趣的话题、主题、类型等，我们可以为受众打上一系列兴趣标签，构建更加立体、丰富的受众画像。例如，对于一个美食短视频的受众，可能给他们贴上"吃货""探店达人""家庭烹饪爱好者"等标签，便于后续开展更加个性化、精准化的内容投放。

三 消费行为分析

对于涉及商品销售的短视频，分析受众的消费行为数据也很有必要。可以收集受众的浏览商品、加购、下单等行为数据，分析他们对不同品类、价格带、促销活动等的偏好，识别不同的消费者群体，进而开展更有针对性的营销。消费行为数据的分析还可以为产品优化、库存管理等提供重要参考。

第四节 视频内容表现分析

一 播放量、点赞量等关键指标

视频内容表现分析的基础是观察几个关键指标，如播放量、点赞量、评论量、转发量等。这些指标从不同侧面反映了视频的受欢迎程度和传播效果。我们需要持续追踪这些指标的变化趋势，对比不同视频之间的表现差异，分析背后的原因。例如，表现突出的视频可能在内容主题、创意表现等方面有独到之处，值得我们学习借鉴；而表现欠佳的视频则需要反思存在的问题，及时优化调整。

账号"消烦大队"数据展示如图6-2所示。

图6-2 账号"消烦大队"数据

二 受众完播率、停留时长分析

除了上述基础指标，还需要关注一些反映视频质量和吸引力的指标，如完播率和停留时长。完播率代表完整观看视频的人数占比，停留时长则反映观众在视频上的平均停留时间。这两个指标体现了视频内容对观众的吸引力和持续力。完播率高、停留时长长的视频，通常内容质量较高，能够较好地抓住观众的注意力。我们可以通过分析这类视频的特点，优化视频内容结构，提升整体质量。

账号"消烦大队"播放数据平台截图如图6-3所示。

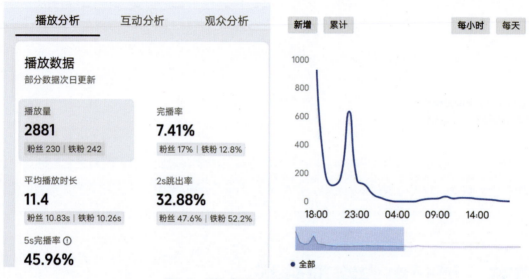

图6-3 账号"消烦大队"播放数据平台截图

三 视频引导转化效果评估

对于包含外链、购物车等转化元素的短视频，还需要评估其引导转化的效果。可以统计视频引导的商品页面访问量、"点击购买"数量等，计算转化率，评判视频对销售的直接贡献。对于表现优秀的视频，可以分析其在视觉设计、文案表述等方面的特点，复制推广；对于转化效果欠佳的视频，则要分析问题原因，如引导方式是否清晰、产品是否有吸引力等，从而有针对性地改进。

第五节 评论与互动分析

一 评论倾向性分析

评论是观众对视频内容最直接的反馈。通过对评论文本进行情感倾向性分析，可以直观地了解观众对视频的整体看法，判断出积极、中性、消极等不同情感倾向的比例。这一分析可以帮助我们及时发现视频内容中可能存在的问题，如话题选择不当、观点有争议等，把握舆论风向，及时调整内容。在技术实现上，可以借助自然语言处理、文本情感分析等人工智能技术，自动识别评论情感倾向，提高分析效率。

二 \ 评论关键词提取

除了情感倾向，评论文本中会包含大量有价值的信息，如观众对视频的具体看法、对视频主题的延伸讨论等。可以运用关键词提取技术，自动识别评论中的高频词、名词短语等，一窥评论热议的焦点。例如，对于一条美食探店视频，通过关键词提取，可能会发现"排队""性价比""分量大"等词频繁出现，反映出观众对餐厅的一些共同印象。这些信息可以为选题策划、话题引导等提供灵感。

三 \ 互动形式与频次分析

互动数据的分析不仅要关注互动量的多寡，还要分析互动的具体形式和频次。不同形式的互动，如点赞、收藏、转发、评论等，代表着观众的不同互动需求和参与程度。我们需要分析不同互动形式的占比情况，洞察观众的互动偏好，优化互动设计。例如，如果观众更偏好分享互动，我们可以在视频中适当增加有分享价值的内容，如实用技巧、惊喜彩蛋等。互动频次的分析可以帮助我们发现视频内容中的互动高峰，优化视频节奏，创造更多互动机会。

第六节 数据可视化呈现

一 \ 报表设计与自动生成

数据分析的结果需要以直观、易读的方式呈现出来，方便相关人员快速了解情况，制订决策。可根据不同的分析指标和维度，设计合理的数据报表结构。一份良好的数据报表应该层次清晰、重点突出，并且图文并茂，易于理解。此外，还可以利用自动化工具，如Python等，编写数据报表生成脚本，定期自动抓取数据、更新报表，提高报表产出效率。

二 \ 数据可视化图表绘制

在数据报表中，合适的数据可视化图表可以大大提升数据的表现力和说服力。需要根据不同的数据类型和分析需求，选择合适的图表类型，如柱状图、折线图、饼图、散点图等。在图表设计时，要注重视觉美感，合理使用色彩、样式等元素，吸引读者注意力。同时，也要兼顾数据准确性，规范使用图例、标签等要素，确保图表信息的完整性和可读性。Python、Tableau等工具可以帮助我们快速实现数据可视化。

一些网站也免费提供相关信息的数据可视化，如Ventusky是一个气象可视化工具，它能展现全球各地的天气情况，即时显示各地天气趋势，如将位置定位到江西南昌，未来24小时的天气变化可以在图中清楚的显示。

第七节　分析结果应用

一　持续优化内容策略

数据分析的目的是为内容优化提供决策支持。需要基于分析结果，不断调整和优化短视频内容策略，提升内容质量和传播效果。例如，通过受众画像分析，可以更加精准地把握目标受众的喜好特征，创作出更加贴近他们需求的内容；通过视频表现分析，可以发现吸引力较强的视频特点，改进视频的拍摄、剪辑、文案等；通过评论互动分析，可以挖掘观众关注的话题热点，调整选题方向。内容优化是一项长期系统的工作，需要保持数据敏感性，持续追踪反馈数据，动态调整策略。

二　引导视频推荐算法

主流短视频平台普遍采用个性化推荐算法，根据用户的历史行为数据，推荐他们可能感兴趣的视频。可以利用数据分析的结果，主动引导平台的推荐机制，提高视频的曝光概率。例如，通过对视频的标题、描述、标签等元数据进行优化，突出视频的关键特征，提升其与用户兴趣的匹配度。再如，通过数据分析发现平台推荐的热门视频特点，对标并优化自己的视频内容，增加被推荐的可能性。此外，还可以利用互动数据反向刺激推荐机制，如在视频中设置有悬念感的点赞关键节点，引导用户主动互动，提升视频权重。

三　调整受众触达策略

受众触达是短视频传播的关键环节。数据分析可以帮助我们优化受众触达策略，提升传播效率。

（一）通过数据分析识别目标受众

短视频平台积累了海量的用户行为数据，包括用户的浏览历史、互动行为、兴趣爱好等。通过对这些数据进行挖掘分析，可以精准地刻画目标受众的特征，了解他们的需求偏好、地域分布、人口属性等，从而为内容创作和传播策略提供指引。

（二）利用算法推荐触达潜在受众

主流短视频平台采用基于大数据和机器学习的智能推荐算法，可以将视频内容精准推送给对该内容感兴趣的用户。创作者可以通过优化视频标题、封面、标签等元素，迎合算法推荐规则，提升视频的曝光率和触达效率。同时，还可以通过数据分析发现潜在受众群体，有针对性地开展传播，吸引新用户。

（三）借助数据分析优化传播时机

不同时间段用户的活跃度和互动水平有所差异。通过分析历史数据，可以总结出视频发布的最佳时间窗口，如工作日的午休时段、晚间休闲时段等。在用户活跃度高的黄金时段发布视频，可以获得更多的即时曝光和互动。同时，还可以结合节日热点分析话题趋势，迎合用户的时令需求，提升传播效果。

（四）根据数据反馈迭代优化传播策略

通过持续监测视频的各项传播数据，包括播放量、点赞、评论、转发、完播率等，评估传播效果，并根据数据表现对内容和传播策略进行迭代优化。对于传播效果好的视频，可以加大同类型视频的制作；对于传播效果欠佳的视频，则需要及时调整内容方向和传播策略。数据驱动的迭代优化，可以不断提升传播效率和ROI。

总之，在短视频传播中，数据分析贯穿于内容策划、生产、发布、传播的全流程。通过挖掘数据洞见指导内容创作，利用算法推荐触达潜在用户，把握最佳传播时机，并根据数据反馈持续优化，我们可以构建起精准、高效的受众触达体系，最大限度地提升短视频传播的ROI。这也是短视频时代内容创作和运营的核心竞争力所在。

课后思考

1. 数据采集与处理过程中，如何确保数据的准确性和完整性？

2. 如何通过视频内容表现分析来优化视频制作和推广？

3. 数据可视化呈现的方式有哪些？如何选择合适的可视化图表？

第七章
商业模式与内容变现

教学内容：

1.面向企业的视频内容变现策略

2.面向消费者的变现途径

建议课时： 30课时

教学目的： 使学生了解面向不同对象的变现策略及途径

教学方式： 讲授法、讨论法、演示法、案例分析法、任务驱动法

学习目标：

1.了解各种变现途径

2.能够根据不同对象制订合理的变现策略

本章将详细探讨面向企业（Business-To-Business，B2B）的视频内容变现策略。这一部分主要包括三个方面：品牌形象视频制作、商务合作视频营销以及内部培训与团建视频。通过对这三个方面的深入剖析，我们将为中小企业提供一套系统、全面的视频营销解决方案，助力企业在数字时代实现可持续发展。在本章的第一部分，我们将详细探讨面向企业（Business-To-Business，下简称B2B）的视频内容变现策略。这一部分主要包括三个方面：品牌形象视频制作、商务合作视频营销以及内部培训与团建视频。通过对这三个方面的深入剖析，我们将为中小企业提供一套系统、全面的视频营销解决方案，助力企业在数字时代实现可持续发展。第二部分，我们将讨论面向消费者（Business-To-Consumer，B2C）的变现途径，主要从内容变现、视频营销和官方渠道运营三个方面展开。

第一节　面向企业的视频内容变现策略

面向企业（B2B，是Business-to-Business的缩写）是指企业与企业之间通过专用网络，进行数据信息的交换、传递，开展交易活动的商业模式。它将企业内部网和企业的产品及服务，通过B2B网站或移动客户端与客户紧密结合起来，通过网络的快速反应，为客户提供更好的服务，从而促进企业的业务发展。

一 \ 品牌形象视频制作

（一）企业宣传片

企业宣传片是塑造企业品牌形象的重要工具之一。一部优秀的企业宣传片能够充分展示企业的核心竞争力、发展历程、企业文化以及未来愿景，从而增强目标受众对企业的认知和信任。在制作企业宣传片时，需要注意以下四点。

（1）要明确宣传片的主题和目的。宣传片应该围绕企业的核心价值展开，突出企业的独特卖点和竞争优势。同时，要根据目标受众的特点和需求，有针对性地设计宣传片的内容和风格。

（2）要精心设计宣传片的结构和叙事方式。一般来说，宣传片可以采用时间轴叙事、问题—解决方案叙事、客户案例叙事等不同的叙事结构。无论采用哪种结构，都要确保宣传片的逻辑清晰、节奏流畅，能够引起观众的兴趣和共鸣。

（3）要重视宣传片的视觉呈现效果。宣传片应该具有较高的制作水准，包括画面质量、色彩搭配、字幕设计等方面。同时，要合理运用影视语言，如特写、慢镜头、空镜头等，增强宣传片的艺术感染力。

（4）要注意宣传片的时长控制。一般来说，3~5分钟是比较适宜的时长，过长的宣传片可能会让观众失去耐心，过短的宣传片则可能无法充分展现企业的内容。

（二）产品演示视频

产品演示视频是展示企业产品功能、特点和使用方法的重要途径。与传统的文字、图片介绍相比，视频能够更直观、更生动地呈现产品的使用场景和操作流程，帮助潜在客户快速了解产品的价值和优势。在制作产品演示视频时，需要把握以下要点。

（1）要围绕产品的核心卖点展开。产品演示视频应该突出产品的独特功能和优势，让观众一目了然地了解产品能够解决什么问题、满足什么需求。

（2）要展示产品的使用场景。通过真实展示使用场景，观众能够更直观地感受到产品的实用性和便捷性，从而产生购买欲望。

（3）要注重视频的专业性和准确性。产品演示视频要准确、全面地展示产品的功能和操作步骤，避免出现误导性或不完整的信息。同时，要使用专业的术语和解说，增强视频的可信度。

（4）要控制视频的节奏和时长。产品演示视频应该节奏明快、重点突出，一般控制在2~3分钟以内。过于冗长或枯燥的演示过程可能会让观众失去兴趣。

（三）企业文化视频

企业文化视频是展现企业价值观、经营理念和团队风采的重要载体。优秀的企业文化视频能够增强员工的认同感和归属感，同时也能够吸引潜在的求职者和合作伙伴。在制作企业文化视频时，需要把握以下要点。

（1）要提炼企业文化的核心内涵。企业文化视频应该围绕企业的使命、愿景、价值观等核心要素展开，用生动、具体的故事和案例来阐释企业文化的内涵。

（2）要展现员工的真实状态。企业文化视频应该真实地记录员工的工作和生活，展现团队的凝聚力和向心力。避免过于刻意的表演和包装，要保持视频的真实性和亲和力。

（3）要营造积极向上的氛围。企业文化视频应该传递正能量，展现企业蓬勃向上的发展态势和员工积极进取的精神风貌。

（4）要注重视频的艺术性和创意性。企业文化视频应该具有较高的制作水准和艺术品位，通过富有创意的表现形式和巧妙的画面设计，增强视频的感染力和传播力。

二　商务合作视频营销

（一）行业会议视频直播与录播

行业会议是企业开展商务合作、建立行业影响力的重要平台。通过视频直播或录播的方式，可以将会议现场的精彩内容传播给更多的受众，扩大会议的影响力和传播范围。在进行行业会议视频直播与录播时，需要注意以下四点。

（1）要选择合适的直播平台和设备。根据会议的规模、预算和目标受众，选择稳定、高质量的视频直播平台和专业的录制设备，确保直播的流畅性和清晰度。

（2）要合理安排拍摄机位和画面。根据会议的议程和现场布置，提前规划拍摄机位和画面组接，力求全面、准确地记录会议的重要内容和精彩瞬间。

（3）要配备专业的导播和解说人员。导播要根据会议的进程实时切换画面，把控直播的节奏和氛围。解说人员要对会议内容进行适当的点评和补充，增强直播的互动性和专业性。

（4）要重视直播的推广和互动。通过多渠道推广直播链接，吸引目标受众在线观看和互动。同时，可以在直播中设置问答、抽奖等互动环节，提高观众的参与度和黏性。

（二）企业沙龙访谈

企业沙龙是一种轻松、互动的商务交流活动。通过组织专家访谈、圆桌讨论等形式，企业可以与合作伙伴、客户、行业专家等展开深入对话，分享彼此的见解和经验。在组织企业沙龙访谈时，需要注意以下四点。

（1）要选择合适的话题和嘉宾。沙龙话题应该紧贴行业热点和企业发展需求，邀请的嘉宾要具有相关领域的专业背景和实践经验，能够为观众带来实质性的见解和启发。

（2）要设计互动性强的访谈形式。访谈应该采用轻松、灵活的形式，如对话式、辩论式、游戏式等，营造轻松、愉悦的沟通氛围，激发嘉宾和观众的互动热情。

（3）要把控访谈的节奏和方向。主持人要根据话题和嘉宾的特点，灵活地把控访谈节奏，适时引导话题的深入和拓展，确保访谈内容的丰富性和引领性。

（4）要重视访谈内容的后期包装和传播。可以对访谈内容进行精编、添加字幕、制作海报等，提高内容的视觉吸引力和传播价值。同时，要通过官网、社交媒体等渠道进行多轮次的传播，扩大访谈的影响力。

（三）B2B产品推介视频

B2B产品推介视频是向目标企业客户展示产品功能、特点和应用场景的重要工具。与面向大众消费者的B2C产品不同，B2B产品通常具有专业性强、决策周期长、购买金额大等特点，因此在制作推介视频时需要把握以下要点。

（1）要突出产品的专业性和针对性。B2B产品推介视频应该详细展示产品的技术参数、性能指标和应用案例，说明产品能够解决客户的具体问题和需求。

（2）要重视视频的说服力和权威性。邀请企业高管、技术专家、客户代表等进行口碑推荐和案例分享，增强视频的可信度和说服力。

（3）要设计合理的视频结构和呈现方式。B2B产品推介视频应该采用清晰、专业的结构，如"问题—解决方案—价值主张"等，同时运用数据图表、动画演示等直观的呈现方式，帮助客户快速理解和记忆。

（4）要注重视频的目标性和转化性。B2B产品推介视频应该围绕客户的关键决策节点设计内容和呈现方式，如产品试用、方案评估、商务谈判等，引导客户进入"销售漏斗"的下一阶段。

（四）供应链合作伙伴故事

供应链合作伙伴是企业开展业务、实现价值创造的重要支撑。通过讲述供应链合作伙伴的故事，企业可以展现自身良好的合作生态和发展前景，吸引更多优质合作伙伴的加盟。在挖掘和讲述供应链合作伙伴故事时，需要把握以下要点。

（1）要选择具有代表性和感染力的合作伙伴。优先选择与企业有深度合作、取得显著成果的供应链伙伴，他们的故事更能体现企业的竞争优势和行业地位。

（2）要挖掘合作伙伴故事的独特性和生动性。采访合作伙伴的管理者和一线员工，记录他们在与企业合作过程中的真实感受和鲜活细节，展现供应链合作的深度和温度。

（3）要突出合作共赢的理念和成果。合作伙伴故事应该重点展现双方在战略规划、技术创新、市场开拓等方面的协同与互补，以及由此带来的业务增长、效率提升、风险管控等方面的共赢成果。

（4）要注重故事的传播和互动。可以在企业官网、行业媒体等渠道发布合作伙伴故事，吸引行业的关注和认可。同时，鼓励合作伙伴转发分享，引发更多潜在合作者的兴趣和互动。

三　内部培训与团建视频

员工技能培训是提升企业核心竞争力的基础性工作。通过制作系统、规范的技能培训视频，企业可以实现培训资源的积累和复用，为不同层级、不同岗位的员工提供随时随地的学习机会。在制作员工技能培训视频时，需要把握以下要点。

（1）要围绕岗位需求设计培训内容。培训视频应该根据不同岗位的任职要求和技能标准，有针对性地设计培训课程模块和学习路径，做到培训内容与岗位需求紧密联系。

（2）要遵循认知规律组织培训内容。培训视频应该遵循由浅入深、由易到难的认知规律，合理安排理论讲解、案例分析、实操演练等不同形式的教学内容，帮助员工循序渐进地掌握技能。

（3）要注重培训视频的制作质量。优质的培训视频需要在内容制作、视觉设计、音画质量等方面达到较高水准，才能吸引员工持续学习。

第二节　面向消费者的变现途径

面向消费者（Business-To-Consumer，B2C）是指直接面向消费者销售产品和服务的零售模式。这种形式的电子商务一般以网络零售业为主，主要借助于互联网开展在线销售活动。

一　短视频平台的内容变现

（一）开设企业号/品牌号

中小企业在抖音、快手等短视频平台开设企业号或品牌号，创建官方认证的身份，有助于提升品牌形象和公信力。企业号/品牌号可以发布品牌故事、产品介绍、幕后花絮等视频内容，吸引目标受众的关注和互动。同时，官方身份也为后续的商业合作和变现奠定基础。

（二）选题策划与脚本撰写

短视频内容要抓住受众的注意力，选题策划至关重要。企业应该深入研究目标受众的喜好和需求，围绕品牌主张和产品特点，策划有吸引力、有共鸣的视频选题。选题可以包括热点事件的品牌解读、行业趋势分析、产品使用技巧、用户故事分享等。确定选题后，要撰写紧凑、清晰、有张力的脚本，突出视频的核心信息和情感诉求。

（三）拍摄制作与发布推广

短视频的拍摄制作要注重画面美感、节奏感和创意表现。根据脚本，企业可以选择在工作场景、生活场景等环境中取景，捕捉产品的特色和使用场景。在拍摄过程中，要注意画面构图、光线运用、镜头切换等视觉元素。后期制作时，可以通过剪辑、配乐、字幕、特效等手段，增强视频的节奏感和代入感。发布视频后，要利用话题标签、挑战赛、问答等方式，鼓励用户参与、转发和互动，提高视频的曝光度和传播力。

（四）流量变现

随着短视频平台的蓬勃发展，企业积累了大量的流量和影响力。如何将这些流量转化为实际的商业价值，成为企业面临的重要课题。广告植入和带货直播是当前较为常见和有效的流量变现方式。

1.广告植入

广告植入指在短视频内容中巧妙、自然地融入品牌元素或产品展示，在不影响用户观看体验的同时，达到品牌曝光和推广的目的。相较于传统的硬广告，广告植入更加柔性化、情境化，能够与视频内容形成良好的互动，提升用户的接受度。企业在进行广告植入时，需要根据自身的产品特点、目标受众等因素，选择合适的植入形式和场景。

例如，美妆品牌可以与美妆博主合作，在化妆教程或试用分享的视频中自然地展示产品，介绍产品的特点、使用方法和效果。食品品牌则可以发布美食类短视频，在视频中展示产品的包装、口感等，吸引用户。无论采取哪种植入形式，都要注重与视频内容的契合度，避免生硬、突兀的广告感，以免引起受众的反感。

2.带货直播

带货直播是短视频流量变现的重要方式之一。带货直播利用主播的影响力和号召力，在直播间内介绍和推荐产品，吸引粉丝下单购买。相较于图文等静态内容，直播更加生动、有互动性，能够实时展示产品的特点和优势，提升用户的购买欲望。

在进行带货直播时，企业需要选择合适的直播平台和主播。直播平台要与企业的目标受众匹配，主播则要与产品及企业形象相符，并具备一定的专业知识和销售技巧。此外，直播内容要设计得有吸引力，通过产品讲解、优惠活动、福利抽奖等环节，调动用户的参与热情。企业还要重视直播期间的互动管理，及时回应用户的提问和反馈，维护良好的客户关系。

广告植入和带货直播都是将短视频流量转化为购买行为的有效途径，但两者在实现方式和侧重点上有所不同。广告植入更加注重品牌曝光和认知度的提升，带货直播则更加注重销售转化和业绩提升。企业可以根据自身的发展阶段、营销目标等，灵活选择和组合。

无论采取何种流量变现方式，企业都要坚持用户至上的原则，在实现商业价值的同时，不断提升内容质量和用户体验。只有持续输出优质、有价值的内容，才能建立起与用户之间的信任关系，实现长期、稳定的流量变现。

同时，企业也要重视数据分析和效果评估，通过监测广告植入和直播带货的各项指标，如曝光量、互动量、转化率等，优化营销策略和投放方案，提高流量变现的效率和收益。

二　社交媒体平台的视频营销

（一）微信视频号内容生产

微信视频号作为微信生态内的短视频平台，为企业提供了触达微信海量用户的机会。相比其他平台，视频号更适合发布沉浸式、互动性强的视频内容，如产品测评、行业访谈、直播答疑等。通过生动、专业的视频展示，企业可以充分展示产品特色和优势，引发用户的兴趣和信任。同时，视频号依托微信强大的社交关系链，便于企业通过私域流量运营，促进视频内容的分享和传播。企业可以通过微信群、朋友圈等渠道，精准触达目标受众，提升视频的点击率和转化率。

此外，微信视频号推出"打赏"功能，用户可以对优质内容进行打赏，形成创作者与粉丝的良性互动。企业可以利用这一功能，激励用户参与互动，培养粉丝忠诚度。企业还可以在视频号上建立品牌专属频道，通过持续的内容输出，构建品牌形象，积累品牌资产。

（二）微博、小红书等平台短视频投放

微博、小红书等社交媒体平台纷纷推出短视频功能，成为企业触达目标受众的重要阵地。相比微信视频号，这些平台的用户更加多元化，覆盖不同年龄、地域、兴趣的群体。因此，企业需要根据各平台的内容调性和用户特点，定制差异化的短视频内容。

以微博为例，作为资讯类平台，微博适合投放时政评论、行业动态等时效性内容。企业可以通过短视频的形式，快速传递信息，引发用户讨论。同时，微博拥有大量KOL和意见领袖，企业可以与他们合作，通过内容矩阵扩大传播范围，提升品牌影响力。

而小红书作为种草社区，更适合投放产品试用、生活方式等探索性内容。企业可以邀请达人、消费者分享产品使用体验，通过真实的口碑传播，建立产品的良好形象。同时，小红书用户对美食、美妆、旅行等垂直领域有较高的参与度，企业可以围绕这些话题制作产品教程、攻略等实用内容，吸引目标用户的关注。

值得一提的是，微博、小红书等平台还推出了话题挑战赛、品牌周年庆等互动活动，为企业提供了与用户互动的机会。企业可以通过参与或发起话题，引导用户生产UGC（User Generated Content，用户生成内容），产生病毒式传播效应。例如，户外品牌可以发起"徒步挑战赛"，鼓励用户分享徒步视频和心得，从而提升品牌曝光度和美誉度。

（三）社交媒体直播

随着5G时代的到来，社交媒体平台纷纷推出直播功能，将视频营销推向了实时互动的新阶段。相比短视频，直播更强调主播与粉丝的即时互动，因此主播的专业度、亲和力至关重要。企业可以根据直播主题，邀请不同领域的嘉宾开展直播。

例如，对于产品发布会，企业可以邀请行业专家、产品经理等，通过直播形式，全面解读产品特色、技术优势，吸引业内人士和发烧友的关注。对于品牌周年庆，企业则可以邀请明星大咖、行业领袖，通过直播连麦，讲述品牌故事，增强粉丝对品牌的认同感。

除了嘉宾直播，企业还可以组织员工直播，展示企业文化、工作环境，拉近与用户的距离。例如，互联网公司可以开展程序员直播，传递技术力量；快消品公司可以开展工厂直播，展示生产流程，彰显品质保障。

在直播过程中，企业要注重与粉丝的互动，通过有奖问答、抽奖送礼等环节，调动粉丝的参与热情。同时，产品类直播，主播要及时回应粉丝的提问，提供专业、全面的讲解，并适时给出优惠福利，刺激粉丝的消费转化。从长期来看，优质的直播内容不仅能带来流量和销量，更能积累品牌的用户资产，形成稳定的消费群体。

（四）粉丝经济

在社交媒体平台持续运营的过程中，企业逐渐积累了一批忠实的粉丝用户。这些用户对品牌有较高的认同度和黏性，愿意为优质的内容和服务付费。因此，企业可以在巩固粉丝关系的基础上，探索多元化的变现方式，实现内容价值的延伸。

内容付费是常见的变现方式之一。企业可以在已有内容的基础上，制作更加专业、系统的视频节目，为粉丝提供持续、深入的价值输出。例如，教育机构可以推出系列付费课程，由资深讲师传授行业知识、实操技能；餐饮品牌可以推出美食Vlog系列，由品牌主厨讲解烹饪技巧、食材选择。付费内容的关键在于专业性和针对性，要满足粉丝的进阶需求，提供与免费内容差异化的精品内容。

除了付费内容，企业还可以开发IP周边，将粉丝经济延伸到实体领域。通过将品牌Logo、吉祥物等元素应用到服装、手办、文创等产品中，企业可以满足粉丝的收藏和装扮需求，创造新的消费场景。例如，动漫品牌可以推出角色手办、漫画周边，体育俱乐部可以推出球星签名服、纪念品等。周边产品的关键在于设计感和品质感，要体现IP的特色，满足粉丝的审美需求。如图7-1所示，甘肃博物馆"马踏飞燕"系列文创产品，又丑又萌的设计一时间刷爆了新媒体平台。

图7-1 甘肃博物馆"马踏飞燕"系列文创产品

　　总的来说，在社交媒体时代，视频营销已成为企业触达和转化用户的重要手段。企业需要根据不同平台的特点，制定差异化的视频内容策略，并注重与用户的互动和关系经营。同时，企业要发掘视频内容的多元变现方式，通过付费内容、周边开发等，实现内容价值的最大化。只有不断创新视频营销的方式和模式，企业才能在激烈的竞争中脱颖而出，建立起持久的竞争优势。

三　企业自有渠道的视频内容运营

（一）官网视频专区规划

　　企业官网是展示品牌形象、传递品牌价值的重要窗口。在官网设置视频专区，可以系统化呈现企业的视频内容，提升用户的浏览体验和认知深度。视频专区可以按照产品系列、内容主题等维度进行栏目规划，并提供搜索、推荐等功能，方便用户快速找到所需内容。此外，视频专区要与官网的整体设计风格保持一致，突出品牌调性。

（二）App端视频内容生产

　　对于涉及复杂产品和服务的企业，如教育培训、金融投资等行业，通过App（Application，智能手机的第三方应用程序）端嵌入视频内容，可以提升产品的使用体验和用户黏性。App端视频内容可以包括产品使用指南、行业资讯解读、用户案例分享等，帮助用户更好地了解和使用产品。同时，App端视频还可以实现弹幕、点赞等互动功能，增强用户参与感。

（三）视频会员制/订阅制运营

　　视频会员制或订阅制是指用户通过付费获取专属的视频内容和服务，是一种常见的内容变现模式。企业可以根据用户的特点和需求，定制不同的会员等级和权益，如独家视频、线下活动、1对1咨询等。通过会员制或订阅制，企业可以获得稳定的付费用户群体，同时也可以通过会员相关数据分析，优化视频内容和服务。

（四）视频课程制作与销售

　　目前在线教育蓬勃发展，视频课程成为企业实现内容变现的重要途径。企业可以将自身积累的行业经验、专业知识制作成系统化的视频课程，面向用户销售。课程可以采用录播、直播等形式，并配以习题、案例、互动答疑等环节，提升学习效果。在定价策略上，可以采取一次性收费、分期付款、收益分成等模式，降低用户的购买门槛。同时，要注重课程持续更新迭代，保持内容的新鲜度和实用性。

　　面向消费者（B2C）的内容变现，本质是通过优质的视频内容，吸引和留存用户，进而实现流量变现。这就要求企业深入理解用户需求，制作有价值、有吸引力的视频内容。运用多种传播渠道，扩大内容触达范围。通过粉丝运营、会员运营等方式，实现用户的深度转化和变现。过程中，既要发挥内容创意，也要兼顾商业规划，实现内容价值和商业价值的统一。

课后思考

1. 社交媒体平台的视频营销如何提高用户参与度和转化率？

2. 如何平衡面向企业和面向消费者的视频内容变现策略？

3. 商务合作类视频营销如何选择合适的合作伙伴？

参考文献

[1] 默奇. 眨眼之间 [M]. 北京：北京联合出版公司，2021.

[2] 克里斯提亚诺. 分镜头脚本设计教程 [M]. 赵嫣，梅叶挺，译. 北京：中国青年出版社，2023.

[3] 贾内梯. 认识电影 [M]. 北京：北京联合出版公司，2017.

[4] 蔡勤，刘福珍，李明. 短视频策划、制作与运营 [M]. 北京：人民邮电出版社，2021.

[5] 吴祐昕. 新媒体环境下的品牌策划 [M]. 北京：清华大学出版社，2020.

[6] 周英英. 短视频＋直播：内容创作、营销推广与流量变现 [M]. 北京：电子工业出版社，2021.

[7] 翁达杰. 剪辑之道 [M]. 夏彤，译. 北京：北京联合出版社，2015.

[8] 赵辛睿. 从零开始学做视频剪辑 [M]. 北京：北京时代华文书局，2021.

[9] 聂欣如. 影视剪辑 [M]. 上海：复旦大学出版社. 2012.

[10] 孙东山. 你好，短视频！从零开始做 Vlog[M]. 北京：人民邮电出版社，2022.

后 记

历经数月潜心写作，《产教融合教程：中小企业全媒体视频制作与实战》一书终于完稿。回顾写作过程，我们深感视频营销已成为当代中小企业经营发展的重要助力。在互联网时代，唯有紧跟数字化浪潮，积极拥抱视频营销等新媒体工具，才能赢得商业竞争的先机。

本书从中小企业视频制作和运营的实际需求出发，系统阐述了视频内容营销的理念、策略与实操。无论是B2B端的企业形象塑造，还是B2C端的内容变现，都力求提供可落地执行的方法指导，帮助中小企业突破视频营销的迷雾，找寻清晰的前行路径。

诚然，本书的内容难免挂一漏万，对于视频营销的探讨也还有诸多进步空间。然而，作为网络与新媒体专业的教师，我们衷心希望这本书能成为广大中小企业主步入视频营销大门的引路石，为大家未来的探索之路提供参考和指引。

在未来，我们也将秉承"理论联系实际、知行合一"的理念，继续深耕视频内容产业，挖掘优秀案例，吸收前沿观点，完善视频营销的知识体系，争取为广大中小企业的发展贡献绵薄之力。

最后，感谢各位读者的阅读和关注。让我们携手并进，共同探索视频营销的广阔世界，一起见证中国中小企业走向辉煌的崭新征程！在实践中砥砺前行，在创新中开拓未来！

钟志炫 解郁

2024年4月